Milo Beckman

MATHE OHNE ZAHLEN

Milo Beckman

MATHE OHNE ZAHLEN

Was Lehrer für sich behalten – so erklärt, dass es jeder versteht

riva

Bibliografische Information der Deutschen Nationalbibliothek
Die Deutsche Nationalbibliothek verzeichnet diese Publikation in der Deutschen Nationalbibliografie. Detaillierte bibliografische Daten sind im Internet über http://dnb.d-nb.de abrufbar.

Für Fragen und Anregungen
info@rivaverlag.de

Wichtiger Hinweis
Ausschließlich zum Zweck der besseren Lesbarkeit wurde auf eine genderspezifische Schreibweise sowie eine Mehrfachbezeichnung verzichtet. Alle personenbezogenen Bezeichnungen sind somit geschlechtsneutral zu verstehen.

1. Auflage 2022

Türkenstraße 89
80799 München
Tel.: 089 651285-0
Fax: 089 652096

Übersetzung: Peter Peschke
Redaktion: Rainer Weber
Umschlaggestaltung: Karina Braun
Umschlagabbildung: Shutterstock.com/VikiVector
Illustrationen im Innenteil: M Erazo, © Michael Tuchband, University of Colorado, Boulder
Satz: Helmut Schaffer, Hofheim am Taunus
Druck: GGP Media GmbH, Pößneck
Printed in Germany

ISBN Print 978-3-7423-2033-9
ISBN E-Book (PDF) 978-3-7453-1789-3
ISBN E-Book (EPUB, Mobi) 978-3-7453-1783-1

Für Eriq, der mich dazu bewegt hat,
dieses Buch zu schreiben.

Mein Dank gilt Taylor, der die Mathekonzepte
gegengeprüft hat, Portia für die Gespräche
und M für die Belebung des Ganzen.

Woran glauben Mathematiker?

Wir glauben, dass Mathematik interessant, wahr und nützlich ist (in dieser Reihenfolge).

Wir glauben an ein Vorgehen, das sich »mathematische Beweisführung« nennt. Wir glauben daran, dass das durch Beweisführung hervorgebrachte Wissen wichtig und wirkmächtig ist.

Die Fundamentalisten unter den Mathematikern glauben, dass alles – Pflanzen, Liebe, Musik, *alles* – (theoretisch) mithilfe der Mathematik verstanden werden kann.

MODELLIERUNG
ANALYSIS
TOPOLOGIE
ALGEBRA
SCHULMATHEMATIK
GRUNDLAGEN

Inhalt

Topologie

Form

Mannigfaltigkeiten

Dimensionen

Form

Mathematiker denken gerne zu viel über die Dinge nach. Das ist quasi unser Job. Wir nehmen irgendein Konzept, das in seinen Grundlagen von jedem verstanden wird – zum Beispiel Symmetrie oder Gleichheit –, und dann zerpflücken wir es, auf der Suche nach einer tieferen Bedeutungsebene.

Nehmen wir mal die Form von etwas. Wir alle wissen mehr oder weniger, was eine Form ist. Wir schauen uns ein Objekt an und können problemlos erkennen, ob es ein Kreis, ein Rechteck oder etwas anderes ist. Ein Mathematiker würde jedoch fragen: Was ist Form? Warum hat etwas die ihm eigene Form? Wer ein Objekt anhand seiner Form identifiziert, der ignoriert dessen Größe, Farbe, Zweckbestimmung, Alter und Gewicht; er ignoriert, wer es hierhergebracht hat und wer dafür verantwortlich ist, es wieder an den ihm bestimmten Ort zu bringen, wenn alle nach Hause gehen. Was ignoriert er nicht? Was vermitteln wir anderen, wenn wir sagen, dass etwas wie ein Kreis geformt ist?

Natürlich sind diese Fragen ohne Zweck. Für jeden praktischen Bedarf ist unser intuitives Verständnis von Form ausreichend. Wir werden zeit unseres Lebens keine wichtige Entscheidung treffen müssen, die davon abhängig ist, wie genau wir das Wort »Form« definieren. Es ist einfach nur eine Sache, über die nachzudenken sich lohnt, wenn wir Zeit und Lust haben.

Gehen wir mal davon aus, dass dem so ist. Hier hätten wir eine Frage, die man sich womöglich stellen könnte:

Eine simple Frage, möchte man meinen, die jedoch nicht leicht zu beantworten ist. Eine präzisere und enger umrissene Version dieser Frage – die sogenannte Poincaré-Vermutung – kursiert schon seit weit mehr als einem Jahrhundert, und noch immer kennen wir niemanden, der in der Lage war, sie zu beweisen. Viele haben es versucht, und ein Mathematiker hat vor nicht allzu langer Zeit ein Preisgeld von einer Million Dollar abgeräumt, weil es ihm gelungen ist, einen wesentlichen Teil des Problems zu lösen. Aber noch immer sind viele Formkategorien ungezählt, weshalb wir, als globale Gemeinschaft, noch immer nicht wissen, wie viele Formen es gibt.

Versuchen wir, die Frage zu beantworten. Wie viele Formen gibt es? In Ermangelung einer besseren Idee scheint es hilfreich, einfach mit dem Zeichnen verschiedener Formen anzufangen, um zu sehen, wo uns das hinführt.

Sieht so aus, als hinge die Antwort auf unsere Frage davon ab, wie genau wir Dinge in unterschiedliche Formkategorien einteilen. Ist ein großer Kreis dieselbe Form wie ein kleiner Kreis? Fassen wir »Schnörkel« unter einer großen Kategorie zusammen, oder sollten wir sie besser je nach Art ihrer Schnörkelung unterscheiden? Wir brauchen allgemeingültige Regeln, um in solchen Debatten zu einer Übereinkunft zu gelangen, damit die Frage »Wie viele Formen gibt es?« nicht fallabhängigen Ermessensentscheidungen unterliegt.

Hier stehen uns mehrere Regeln zur Auswahl, die allesamt gut geeignet wären, zu entscheiden, ob zwei Formen gleich sind oder jeweils in eine eigene Kategorie fallen. Wer Schreiner oder Ingenieur ist, der wird eine sehr strenge und präzise Regelung fordern, die zwei Formen nur dann gleich nennt, wenn alle ihre Kantenlängen, Winkel und Kurven einander exakt entsprechen. Diese Regel führt uns zu einem Teilgebiet der Mathematik, das sich Geometrie nennt, in dem Formen statisch und exakt sind und in dem man sich zum Beispiel mit dem Zeichnen lotrechter Linien und der Berechnung von Flächen befasst.

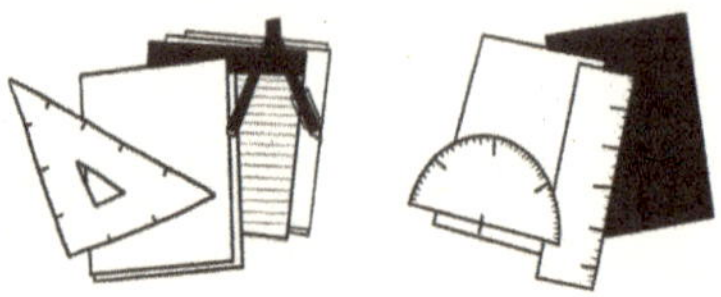

Wir wollen eine etwas losere Definition. Wir sind auf der Suche nach jeder erdenklichen Form, und wir haben nicht die Zeit, uns mit Abertausenden unterschiedlichen Schnörkelvarianten aufzuhalten. Wir wollen eine Regel finden, die großzügig definiert, wann wir zwei Dinge als derselben Formkategorie zugehörig begreifen sollen – eine Regel, die die Welt der Formen in eine überschaubare Anzahl breit gefasster Kategorien zerlegt.

Neue Regel

Zwei Formen sind topologisch gleich, wenn sie sich durch Dehnen und Stauchen in die jeweils andere Form bringen lassen, ohne dass wir etwas zerreißen, zerschneiden oder kleben müssen.

Diese Regel stellt den Kerngedanken der Topologie dar, die eine freiere, »abgedrehtere« Version der Geometrie ist. In der Topologie bestehen Formen aus einem dünnen, endlos dehnbaren Material, das wir drehen und lang ziehen und bearbeiten können wie Teig oder einen Kaugummi. In der Topologie ist die Größe einer Form nicht von Belang.

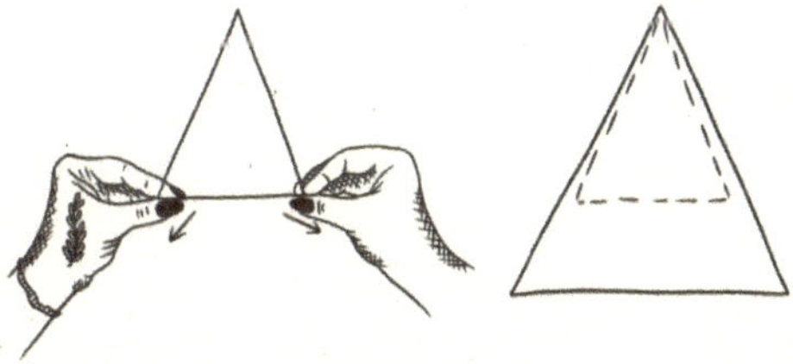

Außerdem ist ein Quadrat das Gleiche wie ein Rechteck, und ein Kreis ist das Gleiche wie ein Oval.

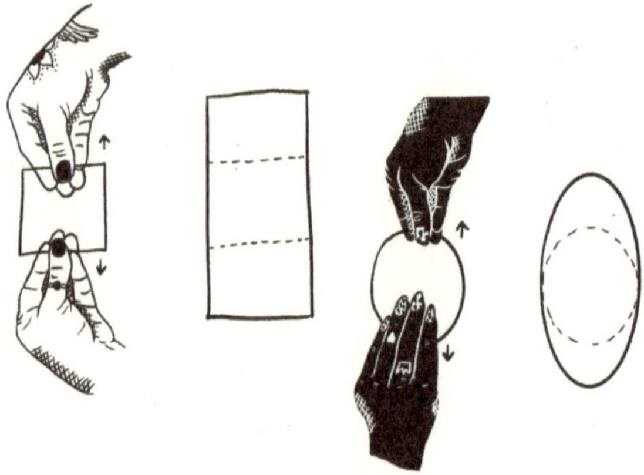

Und nun wird es verrückt: Nehmen wir diese »Dehnen und Stauchen«-Regel als Grundlage unserer Betrachtung, dann gilt, dass ein Kreis und ein Quadrat die gleiche Form haben!

Bevor Sie nun loslaufen und Ihren Liebsten erzählen, dass Sie gerade ein Buch über Mathe lesen und gelernt haben, dass ein Quadrat ein Kreis ist, beachten Sie bitte: Der Kontext ist entscheidend. Ein Quadrat ist ein Kreis – in der *Topologie*. In der Kunst oder der Architektur ist ein Quadrat ganz sicher *kein* Kreis, genauso wenig wie in Alltagsgesprächen. Und auch nicht in der Geometrie. Und wer versucht, ein Fahrrad mit quadratischen Reifen zu fahren, der wird nicht sonderlich weit kommen.

Jetzt aber befassen wir uns mit der Topologie, und während wir das tun, scheren wir uns nicht um belanglose kleine Details wie spitze Ecken, die sich wegmassieren lassen. Wir richten unseren

Blick nicht auf oberflächliche Unterscheidungsmerkmale wie Seitenlängen und Winkel; uns kümmert nicht, ob Ecken gerade, gerundet oder geschnörkelt sind. Wir konzentrieren uns nur auf das Wesentliche, auf die eigentliche Form; wir konzentrieren uns auf die grundlegenden Merkmale, die eine Form zu der Form machen, die sie ist. Wenn Topologen ein Quadrat oder einen Kreis betrachten, sehen sie lediglich eine Schlinge, ein geschlossenes Band. Alles andere sind nur Eigenschaften, die sich aus der Art und Weise ergeben, wie man das Band im jeweiligen Moment zieht und drückt.

Das ist, als würden wir fragen: »Welche Form hat eine Halskette?« Hält man sie auf eine Weise, ist sie ein Viereck, hält man sie auf eine andere Weise, ist sie ein Kreis. Aber ganz gleich, wie man sie auch dreht und wendet: Ihr liegt eine immanente *Form* zugrunde, etwas Grundlegendes, das sich nicht verändert, egal, ob sie nun ein Viereck, einen Kreis, ein Oktagon, ein Herz, einen Halbmond, einen Klecks oder ein »Heptahektahexadekagon« darstellt.

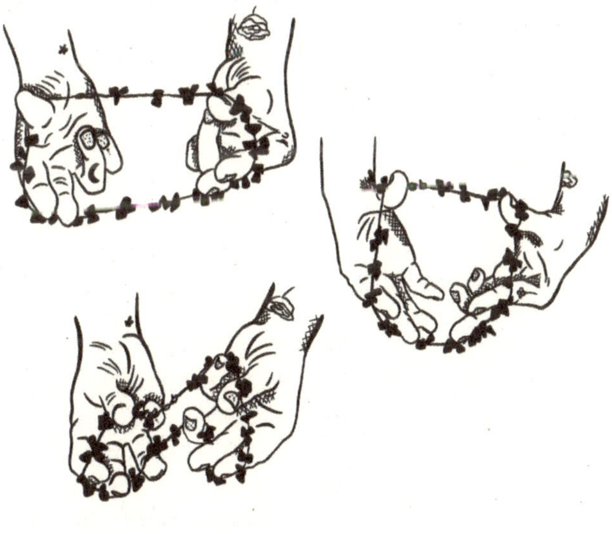

Da diese Form sich in vielen verschiedenen unterschiedlichen Arten offenbaren kann, ist es nicht so ganz korrekt, sie entweder als Kreis oder als Viereck zu bezeichnen. Manchmal nennen wir sie dennoch einen Kreis, aber in der Topologie ist die offizielle Bezeichnung für eine solche Form »S-eins«. S-eins ist die Form einer Halskette, eines Armbands oder eines Gummibands, einer Rennstrecke oder einer Kreisbahn, eines Burggrabens oder einer Landesgrenze (Alaska gilt nicht!); S-eins ist die Form des Buchstabens O und des großen D, jeder geschlossenen Schleife in jedweder Form. So wie das Quadrat eine besondere Form des Rechtecks ist und der Kreis eine besondere Form des Ovals, so sind all diese Formen besondere Formen von S-eins.

Gibt es noch irgendwelche anderen Formen? Es wäre ein Jammer, wenn die Dehnen-und-Stauchen-Regel sich als so grob erweisen würde, dass wir unwillentlich die ganze Formendiversität in nur eine breite Kategorie heruntergebrochen haben. Die gute Nachricht: Haben wir nicht. Es gibt immer noch Formen, die nicht dasselbe sind wie ein Kreis.

Eine Linie, beispielsweise:

Eine Linie kann beinahe zu einem Kreis gebogen werden, aber um die Sache abzuschließen, müssten wir die beiden Endpunkte zusammenfügen – was nicht erlaubt ist. Ganz egal, wie Sie eine Linie bearbeiten, Sie werden immer diese beiden speziellen Endpunkte haben, an denen die Form einfach aufhört. Und Endpunkte kann man nicht loswerden. Man kann sie verschieben und auseinanderziehen, aber diese beiden Endpunkte sind ein unveränderliches Merkmal der Form.

Aus einem ähnlichen Grund stellt auch das Zahlzeichen der Acht eine andere Form dar. Es gibt keine Endpunkte, aber immer noch einen besonderen Punkt in der Mitte, an dem sich die Linien kreuzen, von dem aus vier Arme nach außen ragen, statt nur zwei – wie an jedem anderen Punkt der Form. Dehnen und stauchen Sie, so viel Sie wollen, doch auch so einen Schnittpunkt wird man nicht los.

Denkt man darüber nach, so ist das ausreichend Information, um die Frage »Wie viele Formen gibt es?« zu beantworten. Die Antwort lautet: unendlich viele, also Unendlichkeit. Hier, ich zeige Ihnen den Beweis:

Beweis

Sehen Sie sich diese Formenfamilie an. Sie schaffen jede neue Form, indem Sie der vorangegangenen Form einen Querstrich hinzufügen.

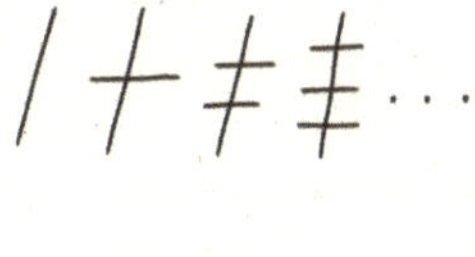

Jede neue Form hat mehr Schnittpunkte und Endpunkte als alle vorangegangenen. Also muss jede von ihnen wirklich eine andere, eine neue Form darstellen. Wenn man das ewig so weitermacht, erhält man eine unendlich große Familie unterschiedlicher Formen, und somit gibt es auch unendlich viele Formen.

QED**

** QED = q. e. d. = quod erat demonstrandum = *was zu beweisen war* – seit dem 16. Jahrhundert eine übliche Schlussformel von Mathematikern am Ende einer Beweisführung.

Überzeugt? Man braucht nur eine beliebige, endlose Familie unterschiedlicher Formen wie dieser zu finden, bei der offensichtlich ist, auf welche Weise sich immer weiter andere neue Formen erschaffen lassen.

Dieses Beispiel hier wäre genauso geeignet gewesen:

Oder dieses hier:

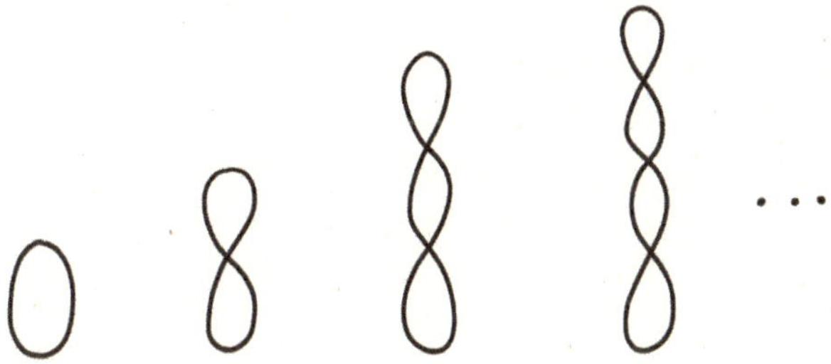

Und auch dieses hier funktioniert:

Das alles sind letztendlich nur unterschiedliche Arten ein und derselben Beweisführung: Sie möchten aufzeigen, dass es von etwas unendlich viel gibt, also beschreiben Sie einen systematischen Prozess, der von diesem Etwas fortlaufend neue, unterscheidbare Beispiele hervorbringt. Diese Beweisführung nennt man »unendliche Familie«, und sie ist in der Mathematik ein gängiges Mittel, wenn man zeigen will, dass es unendlich viel von etwas gibt. Ich halte sie für überzeugend – ich wüsste nicht wirklich, wie man dagegenhalten könnte. Wenn man von etwas ohne Ende mehr machen kann, dann muss dieses Etwas unendlich sein.

Und es geht nicht nur mir so: Die gesamte mathematische Gemeinschaft betrachtet Beweisführungen im Sinne der »unendlichen Familie« als validen mathematischen Beweis. Es gibt eine Reihe solcher Beweistechniken, bei denen dieselbe Art von Beweisführung in unterschiedlichen Kontexten verwendet werden kann, um verschiedene Dinge zu beweisen. Menschen, die sich viel mit Mathematik befassen, stellen fest, dass dieselben Beweismuster immer wieder auftauchen. Wir alle sind uns (größtenteils) darüber einig, welche Formen der Beweisführung legitim sind.

Wenn Sie diesen Beweis akzeptieren, dann haben wir jetzt die ursprüngliche Frage danach beantwortet, wie viele Formen es gibt. Die Antwort ist: unendlich viele. Es ist keine besonders interessante Antwort, aber es ist die Antwort, die wir erhalten. Sobald die Frage gestellt ist und die Verfahrensregeln festgelegt sind, steht die Antwort bereits fest. Wir müssen sie nur noch finden.

Die erste Frage, die zu stellen einem einfällt, führt nicht immer zu der interessantesten oder aufschlussreichsten Antwort. Wenn das passiert, können Sie entweder aufgeben und sich etwas suchen, um darüber nachzugrübeln, oder Sie können eine bessere Frage stellen.

Mannigfaltigkeiten

Es gibt zu viele Formen, als dass man einen Überblick darüber behalten könnte, weshalb Topologen sich nur auf die wichtigsten konzentrieren: *Mannigfaltigkeiten*. Klingt nach einer komplizierten Sache, aber das ist es wirklich nicht – ja Sie leben sogar auf einer Mannigfaltigkeit. Kreise, Linien, Flächen und Sphären (wobei man in der Mathematik unter einer Sphäre die Oberfläche einer Kugel sowie ihre topologisch möglichen Ableitungen versteht): Mannigfaltigkeiten sind die glatten, einfachen, einheitlichen Formen, die immer dann eine Hauptrolle zu spielen scheinen, wenn wir in Mathematik und Wissenschaft mit physikalischen Räumen arbeiten.

Sie sind von so simpler Art, dass man meinen könnte, wir hätten inzwischen alle von ihnen entdeckt. Haben wir aber nicht. Den Topologen ist das so peinlich, dass sie ein Kopfgeld in Höhe von einer

Million Dollar ausgelobt haben, um die Leute zu ermutigen, genauer nachzusehen. Und da ist sie, die größte ungelöste Frage der Topologie, die Experten auf diesem Gebiet seit über einem Jahrhundert beschäftigt und frustriert:

> Wie viele Mannigfaltigkeiten gibt es?

Oder ein wenig präziser:

> Welche Arten von Mannigfaltigkeiten gibt es alles?

Das Ziel ist nicht, sie buchstäblich durchzuzählen, sondern sie alle zu entdecken, zu benennen und in verschiedene Arten zu klassifizieren. Wir erstellen eine Art Feldführer aller möglichen Mannigfaltigkeiten.

Was genau ist aber eine Mannigfaltigkeit? Um sich als Mannigfaltigkeit zu qualifizieren, gilt es, relativ strengen Regeln zu entsprechen, was auf die meisten Formen nicht zutrifft.

Neue Regel

Eine Form wird »Mannigfaltigkeit« genannt, wenn sie keine besonderen Punkte hat: keine Endpunkte, keine

Schnittpunkte, keine Kantenpunkte, keine Verzweigungspunkte. Sie muss überall gleich sein.

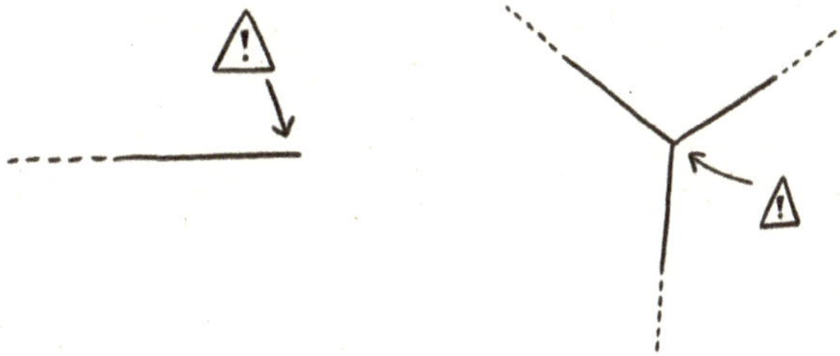

Das schließt sofort all die unendlichen Formfamilien des letzten Kapitels aus. Alles, was Punktmarkierungen, Asteriske oder dergleichen hat, zählt nicht als Mannigfaltigkeit. Das bedeutet, dass es für die »Wie viele«-Frage tatsächlich schon eine Antwort geben könnte: Möglicherweise gibt es eine exakte, begrenzte Anzahl von Mannigfaltigkeiten. Aber das wird sich noch zeigen müssen.

Diese Definition beschränkt sich zudem nicht auf flache Formen nach Art eines Drahtmodells, wie diejenigen, mit denen wir uns befasst haben. Mannigfaltigkeiten können auch aus folien- oder teigartigen Materialien bestehen. Das Universum, in dem wir leben, ist wahrscheinlich eine dreidimensionale Mannigfaltigkeit; zumindest müsste man ansonsten annehmen, dass es eine physikalische Grenze gibt, an der es einfach endet, oder dass es sich irgendwie selbst überschneidet.

Aber bleiben wir erst einmal bei den Drahtmodellformen, also denen, die sich mit Schnur oder Büroklammern darstellen lassen. In der Topologie bezeichnen wir diese Formen als eindimensional, auch wenn die Seite, auf der sie abgebildet sind, zweidimensional ist. Es kommt nur auf das Material der Form an.

Welche Mannigfaltigkeiten kann man also mit einer Schnur darstellen? Da gibt es nicht so viele Möglichkeiten. Die meisten solchen Formen, die man sich ausdenken kann, haben besondere Punkte.

Die Wendungen und Kringel und Ecken stellen kein Problem dar, da diese sich glätten lassen. Das wahre Problem sind die Endpunkte. Wie lassen sich Endpunkte eliminieren?

Es gibt nur zwei Mannigfaltigkeiten mit Schnur oder Ähnlichem. Wenn Sie nicht wissen, welche das sind, dann können Sie sich jetzt einen kurzen Moment Zeit nehmen, um ins Leere zu starren und darüber nachzudenken, bevor Sie weiterblättern.

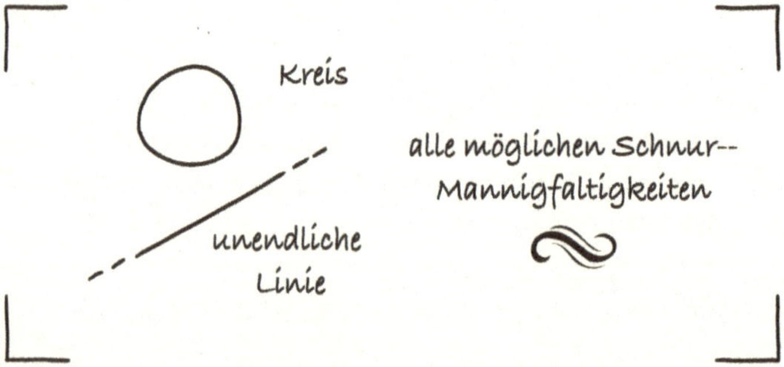

Der Kreis (auch S-eins genannt) und die unendliche Linie (R-eins genannt) sind die einzigen Mannigfaltigkeiten in der ersten Dimension. Um Endpunkte zu vermeiden, muss man entweder eine Drehung zurück zum Ausgangspunkt machen oder ewig weitergehen. Und vergessen Sie nicht: In der Topologie sind alle Formen dehnbar, was also auch für jede geschlossene Schleifenform und jede ewig weitergehende Form gilt. Das muss nicht unbedingt ein Kreis oder eine gerade Linie sein.

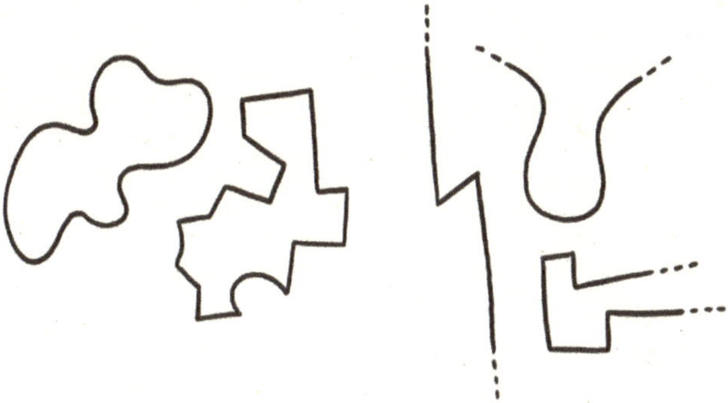

Und das war's mit der ersten Dimension. Nicht schlecht! Wie Sie sehen, haben wir unsere Suche stark eingegrenzt. Die ursprüngliche Frage danach, wie viele Formen es gibt, war zu groß und zu weit gefasst, aber die Frage nach den Mannigfaltigkeiten scheint überschaubar zu sein, zumindest bis jetzt. Sind Sie bereit für die nächste Dimension?

In der zweiten Dimension suchen wir nach Formen, die aus folienartigem Material bestehen. Denken Sie daran: Auf das Material kommt es an! Die meisten dieser Formen würde man normalerweise als dreidimensional begreifen, aber sie bestehen aus zweidimensionalem Material, und das ist, worauf es ankommt.

Also: Welche Mannigfaltigkeiten lassen sich aus Folienmaterial bilden? Wir suchen nach etwas, das überall flächig ist, etwas ohne Ränder oder Risse, an denen die Fläche einfach endet. Erinnern Sie sich daran, dass ich sagte, Sie würden auf einer Mannigfaltigkeit leben? Die Oberfläche der Erde ist eine Sphäre und als solche eine zweidimensionale Mannigfaltigkeit.

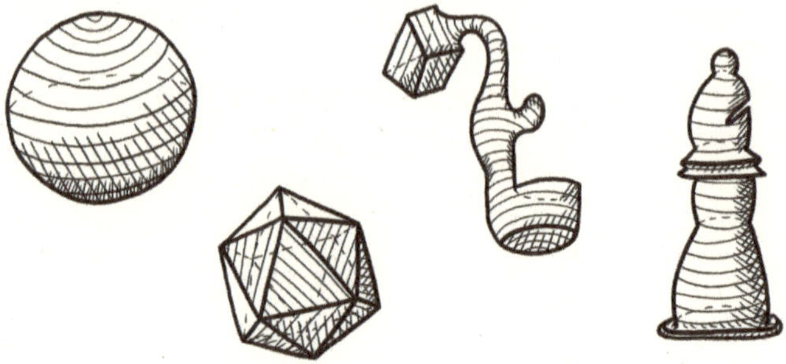

Durch Dehnen und Stauchen umfasst der Begriff »Sphäre« jede geschlossene Oberfläche: Würfel, Kegel, Zylinder, die ganzen Klassiker. Aber nutzen Sie Ihre Terminologie mit Bedacht! In der Mathematik bezieht sich »Sphäre« nur auf die hohle Oberflächenform, während eine »Kugel« ausgefüllt ist. Eine Kugel ist dreidimensional (aus teigartigem Material), daher befassen wir uns erst mal nicht weiter damit.

Die allgemeine Sphärenform wird S-zwei genannt, was Sinn ergibt, weil sie wie eine vergrößerte Version des Kreises (S-eins) ist. Wir können die gleiche Strategie anwenden, um zu unserer nächsten Folien-Mannigfaltigkeit zu gelangen. Das um eine Dimension erhöhte Äquivalent einer unendlichen Linie: eine unendliche Ebene.

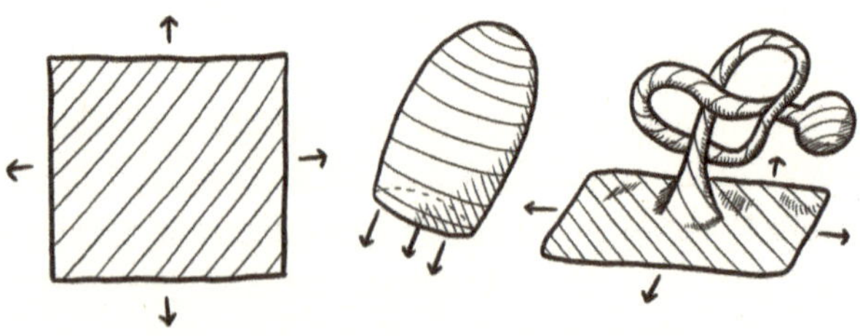

Sie heißt R-zwei und umfasst jede unendliche Fläche, die den Raum in zwei unendliche Bereiche teilt.

Sie wissen sicherlich, dass manche Leute glauben, die Erde sei flach. Topologisch gesprochen ergibt das Sinn. Eine Mannigfaltigkeit hat keine besonderen Punkte, sodass - denkt man sich selbst in die Street-View-Perspektive - jeder Punkt dem Aussehen nach mit jedem anderen Punkt identisch ist. Es mag vielleicht eine gewisse Krümmung vorhanden sein, aber wenn man entsprechend klein ist, dann merkt man das nicht. Würden Sie auf einer beliebigen Folien-Mannigfaltigkeit leben, sähe es (vom jeweiligen Standpunkt aus) so aus, als lebten Sie auf einer flachen Ebene.

Und es gibt mehr Folien-Mannigfaltigkeiten als nur die beiden genannten. Mehr Dimensionen bedeuten mehr Bewegungsfreiheit. Es gibt neue Formen, die man mit zweidimensionalem Material bauen kann - Formen, die keine entsprechende Schleifenform haben.

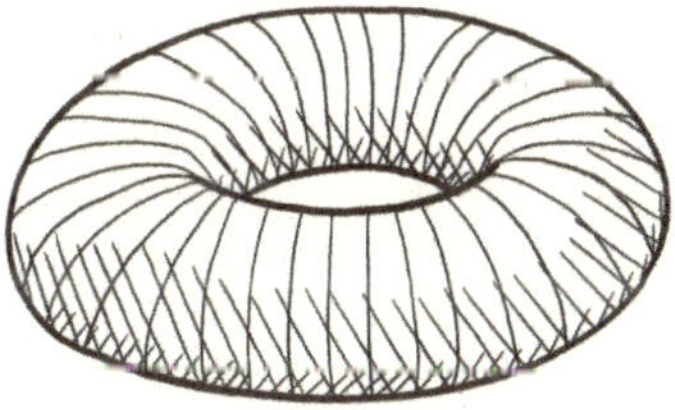

Ein hohler Donut ist eine Mannigfaltigkeit. Dass es sich dabei um eine neue Mannigfaltigkeit handelt, erkennt man an dem Loch in der Mitte - egal, wie sehr man auch dehnt und staucht, man wird es nicht los. Aber es ist eine sehr merkwürdige Art von Loch: Es hat keine harte Kante. Es ist nicht so, als würde man ein Loch in einen Bogen Papier schneiden und dabei einen aus besonderen Punkten bestehenden Rand erschaffen. Dieses Donut-Loch ist eine viel subtilere Angelegenheit. Wenn Sie auf der Oberfläche eines donutförmigen Planeten leben würden, würden Sie, wenn Sie sich umblicken, nicht bemerken, dass es ein Loch gibt. Es würde von Ihrem jeweiligen Standpunkt aus genauso aussehen, als würden Sie auf einer Kugel oder einer flachen Ebene leben.

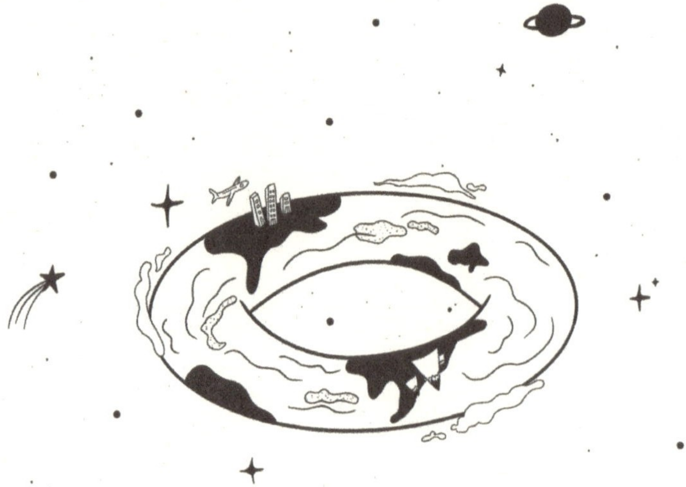

Diese neue Mannigfaltigkeit nennt sich Torus (Ringkörper) oder auch T-zwei, und sie beinhaltet alle Formen, die ein dergestalt glattes Loch in sich haben.

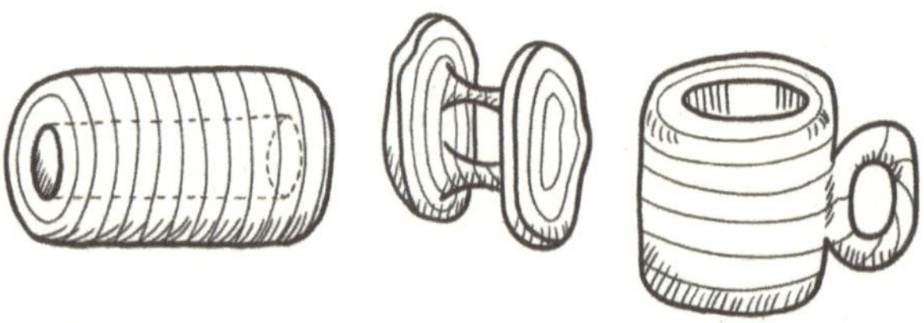

Wir sind aber noch nicht durch mit den Folien-Mannigfaltigkeiten. Sie können auch einen doppelten Torus erschaffen.

Was natürlich bedeutet, dass Sie auch einen dreifachen, vierfachen, und-so-weiter-fachen Torus erschaffen können. Es gibt eine Endlosfamilie der Tori, so der Plural zu Torus.

Nun denn, es gibt also keine exakte, endliche Anzahl von Mannigfaltigkeiten. Das ist in Ordnung, wir müssen die Mannigfaltigkeiten nicht im tatsächlichen Wortsinne abzählen können, um sie alle zu entdecken. Uns geht es darum, die Mannigfaltigkeiten zu klassifizieren. Wir suchen nach einer Liste aller möglichen Mannigfaltigkeiten, und es ist in Ordnung, wenn diese Liste ein paar unendliche Familien enthält. Da sich in der abstrakten Mathematik eben oft herausstellt, dass die Dinge unendlich sind, ist das das Beste, was wir uns erhoffen können.

Aber ob Sie es glauben oder nicht, wir sind mit der zweiten Dimension noch nicht fertig. Es gibt noch weitere Formen, die man aus Folienmaterial erschaffen kann.

Allerdings gibt es da ein kleines Problem. Die nächste Folien-Mannigfaltigkeit, von der ich berichten möchte, ist eine sehr seltsame. Ich verrate zunächst mal, wie sie heißt: Es handelt sich um die »reelle projektive Ebene«. Aber ich kann nicht zeigen, wie sie aussieht. Ich weiß nicht, wie sie aussieht. Niemand weiß, wie sie aussieht, weil sie in unserem Universum nicht existiert und niemals existieren kann.

Der Grund dafür: Sie braucht mindestens vier Dimensionen, um zu existieren. Unabhängig vom Material hat jede Form eine Mindestdimension, in der sie tatsächlich existieren kann. Eine Fläche kann in zwei Dimensionen existieren. Eine Kugel braucht drei. Eine »reelle projektive Ebene« benötigt vier Dimensionen.

Wie können wir also wissen, dass sie existiert? Das will ich Ihnen gerne beschreiben.

Stellen Sie sich eine Scheibe, also einen ausgefüllten Kreis vor. Eine Scheibe besteht aus Folienmaterial, ist aber keine Mannigfaltigkeit – wegen all der Punkte, die den Rand bilden. Wenn Sie aber zwei Scheiben haben, können Sie diese entlang der Ränder vorsichtig zusammennähen, bis daraus eine Form ganz ohne Ränder wird – eine Mannigfaltigkeit.

In diesem Falle ist besagte Mannigfaltigkeit eine Kugel, was uns nicht wirklich weiterbringt, da wir die Kugel bereits kennengelernt haben. Aber die Grundidee dahinter ist für uns von großem Nutzen: Man kann zwei Beinahe-Mannigfaltigkeiten mit der gleichen Begrenzung nehmen und sie zusammenfügen, um eine tatsächliche Mannigfaltigkeit zu erhalten.

Stellen Sie sich also vor, Sie haben ein dünnes Band aus Folienmaterial mit einer einzelnen Verdrehung darin. Diese Form mag vielleicht so aussehen, als hätte sie zwei Begrenzungen, aber das liegt an der Windung – tatsächlich hat sie nur eine. Fahren Sie mit dem Finger die Kante entlang, und Sie werden sehen, dass diese in einer Drehung oben und unten entlangführt, sodass Sie, ohne abzusetzen, wieder zum Ausgangspunkt zurückgelangen.

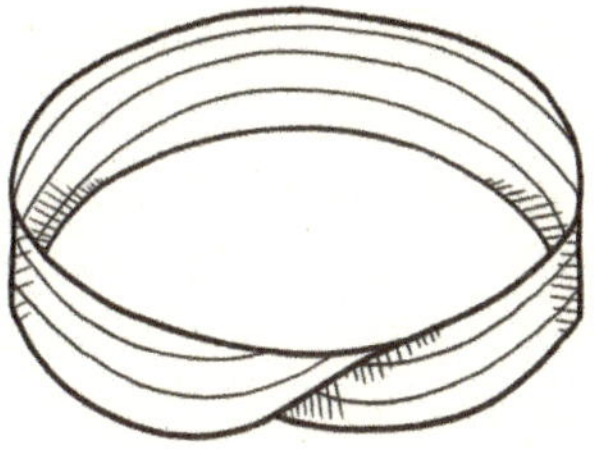

Und das ist unser Plan: Die Begrenzung einer Scheibe ist geformt wie S-eins (ein Kreis). Die Begrenzung dieses gewundenen Streifens ist ebenfalls geformt wie S-eins. Nähen wir sie aneinander, um eine neue Mannigfaltigkeit zu erschaffen.

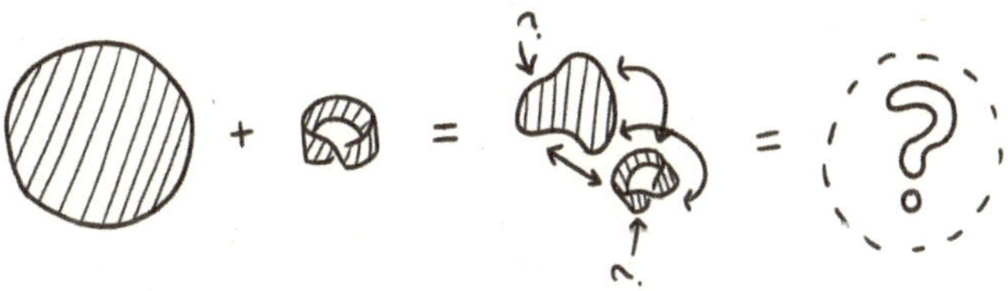

Wenn man versucht, sich das gedanklich vorzustellen oder mit den Händen nachzuempfinden, stößt man ziemlich bald auf Probleme. Die Scheibe muss eine Windung beschreiben und durch sich selbst hindurchgehen, was nicht erlaubt ist (keine besonderen Punkte). Hätten Sie aber vier Dimensionen, in denen Sie arbeiten könnten, so gäbe es kein Problem.

Wie kann das sein? Stellen Sie sich eine Acht vor: Wenn Sie sie auf ein flaches Blatt Papier zeichnen, schneidet sie sich selbst; könnten Sie aber eine der beiden sich überschneidenden Linien in die dritte Dimension heben, sodass sie über dem Papier schwebt, dann entstünde auch kein Schnittpunkt. Nehmen Sie nun dieses Bild und übertragen Sie es in die nächsthöhere Dimension. Die seltsame, verdrehte Mannigfaltigkeit, die wir da gerade erschaffen haben, schneidet sich selbst, wenn wir nur drei Dimensionen zur Verfügung haben; könnten wir sie aber teilweise in die vierte Dimension »anheben«, würde man eine makellos schöne, glatte, sich nicht selbst überschneidende Folien-Mannigfaltigkeit erhalten.

Es ist bizarr. Dies ist die reelle projektive Ebene, kurz RP-zwei, und sie ist in mehrfacher Hinsicht einzigartig und verwirrend. Eine Kugel und ein Torus haben eine Innen- und eine Außenseite, aber eine reelle projektive Ebene hat lediglich eine Seite, die sich nach innen und außen wendet. Wenn Sie den Buchstaben **R** auf eine Kugel oder einen Torus schreiben und diesen über die Fläche schieben, wird er anschließend immer noch wie ein **R** aussehen. Wenn Sie aber ein **R** über eine reelle projektive Ebene schieben, könnte es sein, dass es anschließend wie ein **Я** aussehen wird.

Dennoch handelt es sich aber um eine Mannigfaltigkeit, und sie erfüllt all unsere Kriterien, weshalb wir sie in die Liste aufnehmen müssen. Es gibt also die Kugel, die Ebene, sämtliche Tori und die reelle projektive Ebene. War's das?

Noch immer nicht. Die reelle projektive Ebene kommt mit ihrer eigenen Endlosfamilie gewundener, unvorstellbarer Flächen. So wie man zwei Tori aneinanderfügen kann, um einen Doppeltorus zu erhalten, kann man auch zwei reelle projektive Ebenen zusammenfügen, um eine neue, Kleinsche Flasche genannte Mannigfaltigkeit zu erhalten, welche ebenfalls vier Dimensionen braucht, um zu existieren, ohne sich selbst zu überschneiden. Oder man quetscht drei oder vier davon zusammen und erhält auf diese Weise eine ganze Endlosfamilie dieser eigenartigen gewundenen Flächen.

Und damit wäre sie dann endlich vollständig, unsere Liste aller möglichen Folien-Mannigfaltigkeiten.*

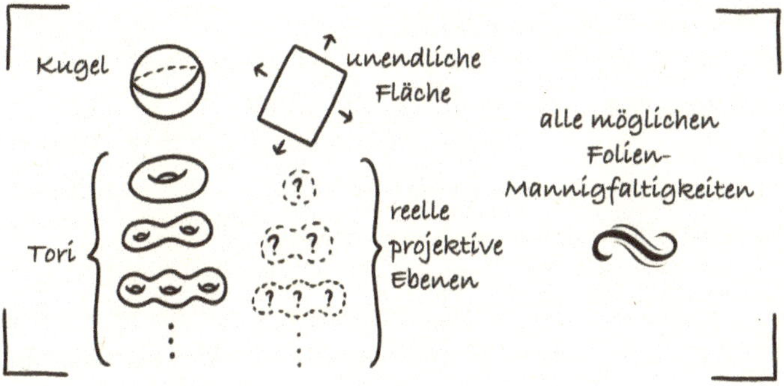

Na schön – und sind Sie jetzt bereit, noch eine weitere Dimension hinzuzufügen? Nein? Ich auch nicht. Die nächste Dimension, das sind Mannigfaltigkeiten aus teigartigem Material, und selbst die einfachsten von ihnen kann man sich unmöglich vorstellen. Wie zum Beispiel die Hypersphäre, S-drei, deren *Überschneidungsbereiche* Sphären sind. Also lassen wir das lieber.

Man kann sich ausmalen, wie die Klassifizierung aller Mannigfaltigkeiten zu einem der schwierigsten ungelösten mathematischen Probleme aller Zeiten werden konnte. Das Überraschende ist, wie wenig wir wissen. Es ist ja nicht so, dass wir es bis zur zehnten Dimension geschafft hätten und dort stecken geblieben wären – nicht einmal annähernd. Jenseits der beiden Dimensionen, die wir uns gerade angeschaut haben, wimmelt es nur so vor Fragezeichen.

Die dritte Dimension – die Mannigfaltigkeiten aus teigartigem Material – ist mittlerweile ziemlich gut erforscht, auch wenn es einhundert Jahre und ein Preisgeld von einer Million Dollar brauchte, um dorthin zu gelangen. Und eine ganz und gar saubere und ordentliche Klassifizierung wie bei den niedrigeren Dimensionen haben wir noch immer nicht. In der fünften und allen höheren Dimensionen nutzen Topologen eine Chirurgietheorie genannte Auswahl an Techniken, um Mannigfaltigkeiten zu bearbeiten und neue zu konstruieren.

Bliebe noch die vierte Dimension.

Ich wünschte, ich könnte Ihnen sagen, was in der vierten Dimension so vor sich geht. Ich bin nicht sicher, ob es jemanden gibt, der das wirklich weiß. Es ist ein seltsamer Grenzfall: zu viele Dimensionen, um sie visuell zu erfassen, aber nicht genügend, um ausgefeilte chirurgische Werkzeuge einzusetzen. Es gibt ganze Lehrbücher, die sich mit dem wenigen Wissen über Mannigfaltigkeiten in der vierten Dimension befassen, und schon nach den ersten Seiten konnte ich mir keinen Reim mehr darauf machen. Eine Topologin erzählte mir einmal, dass sie sich als Studentin mit vierdimensionalen Mannigfaltigkeiten befassen wollte, dass man ihr aber geraten habe, die Finger davon zu lassen.

Das ist insbesondere deshalb unheimlich, weil viele Physiker der Meinung sind, dass sich unser Universum am besten als vierdimensionale Mannigfaltigkeit modellieren lässt, mit Zeit als vierter Dimension. Sollten sie recht behalten, würde das die Topologen unter Druck setzen, die Sache mit der vierten Dimension endlich mal auf die Reihe zu kriegen. Es geht nicht nur darum, dass wir die Form des Universums nicht kennen. Solange wir die Vierer-Mannigfaltigkeiten nicht allesamt klassifiziert haben, könnte das Universum eine Form haben, die noch gar nicht gedacht worden ist.

Dimensionen

Wenn Mathematiker von der vierten Dimension sprechen, meinen sie damit nicht die Zeit. Wir sprechen von einer vierten geometrischen Dimension, genau wie bei den ersten drei. Und zwar hätten wir da oben/unten, links/rechts, vorwärts/zurück und dann, sagen wir mal, »quitsch/quatsch«. Sie wissen schon, *eine weitere* eben.

Schaut man sich um, ist allerdings ziemlich offensichtlich, dass unsere Welt nur drei räumliche Dimensionen hat. Vertrauen Sie nicht auf das, was ich sage – sehen Sie sich die Beweise an. Wenn Sie eine Kartoffel in kleine Stücke schneiden wollen, müssen Sie das Messer dafür in drei verschiedene Richtungen bewegen.

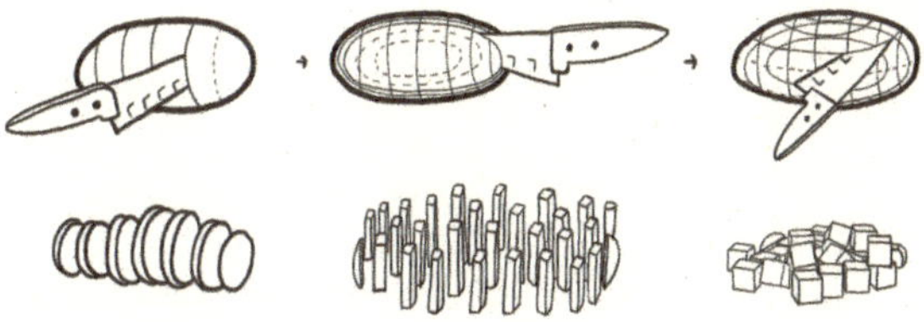

Eine andere Methode, das festzustellen: Stellen Sie sich vor, Sie könnten nur in zwei Richtungen reisen. Der größte Teil des Raums wäre für Sie nicht zugänglich. Zwei beliebige Richtungen ermöglichen Bewegung nur auf einer flachen Ebene.

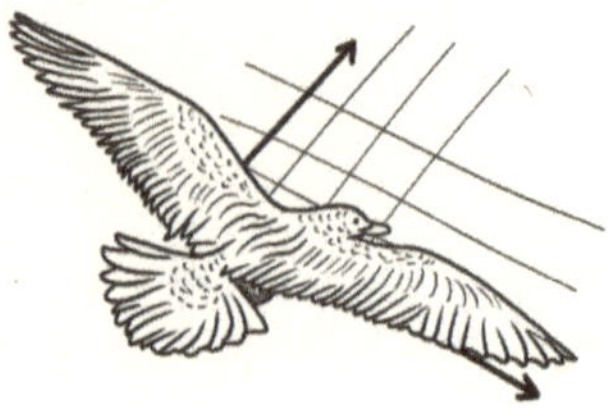

Fügt man aber eine dritte Richtung hinzu, kann man den ganzen Himmel bereisen. Es braucht drei Richtungen, um einen dreidimensionalen Raum abzudecken.

Ein weiterer Hinweis: Schauen Sie sich einen Krug beliebiger Größe und Form an. Wenn Sie eine maßstabsgetreue Nachbildung anfertigen, die genau doppelt so groß ist, dann würde diese genau die achtfache Menge an Wasser fassen können – nämlich das Doppelte für jede Dimension.

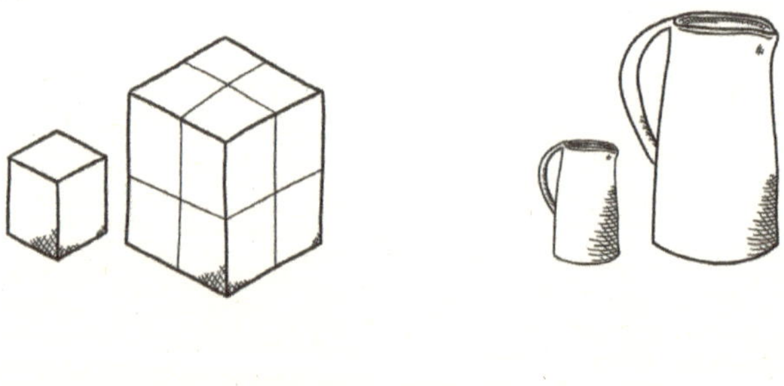

Was nützt es, von einer imaginären vierten Dimension zu sprechen, wenn wir sicher sind, dass wir nur drei haben? Warum klassifizieren wir die Mannigfaltigkeiten nicht einfach bis in die dritte Dimension und lassen es dabei bewenden? Ich kann darauf zwei Antworten geben: eine von einem reinen Mathematiker, einem Theoretiker, und eine von einem Spezialisten für angewandte Mathematik.

Für einen Vertreter der reinen Mathematik geht die Frage am Thema vorbei. Wir klassifizieren Mannigfaltigkeiten nicht aus Gründen des *Nutzens*. Wir sind einfach nur neugierig, zu erfahren, welche verschiedenen Arten von Formen es geben kann! Wir müssen uns nicht auf die Willkürlichkeit der Welt beschränken, in der wir zufällig leben. Die Mathematik ist allgemein, universell – sie ist nicht nach unserem Bild geschaffen worden. Wir haben also drei Dimensionen. Na und? Wir haben zehn Finger, und hören wir danach etwa auf zu zählen?

Diese Liste der Mannigfaltigkeiten gab es bereits, in welcher Form auch immer, bevor wir sie jemals zu Papier gebracht haben, und sie wird auch dann noch die vollständige Liste der Mannigfaltigkeiten sein, wenn unsere Zivilisationen dereinst der Geschichte zum Opfer gefallen sein werden. Wenn Sie nicht allein schon deswegen neugierig sind, zu erfahren, welche Arten von Mannigfaltigkeiten in höheren Dimensionen existieren – nur weil diese nicht *von Nutzen* sind –, dann sind Sie ohnehin nicht wirklich aus den richtigen Gründen an Bord.

Dann kommt der Vertreter der angewandten Mathematik daher und macht alles kaputt, indem er die Topologie nützlich macht.

Denn tatsächlich ist das Wissen über die topologischen Mannigfaltigkeiten in ziemlich vielen Zusammenhängen nützlich. Und ja, das gilt sogar für diejenigen aus den höherdimensionalen Bereichen! Das ist nicht der Grund, warum das Fachgebiet entwickelt wurde oder weshalb es auch heute noch Menschen gibt, die sich daran abarbeiten, aber die Sprache und das Instrumentarium der Topologie kommen bei der Analyse von Aspekten der realen Welt oft sehr gelegen.

Der Grund für die Nützlichkeit: Menschen neigen dazu, visuell zu denken, und daher bemühen sie häufig visuelle Analogien, um abstrakte Ideen besser verstehen zu können. Wie wir im Alltag sprechen, ist derart von visuellen Analogien geprägt, dass wir gar nicht merken, dass wir sie verwenden: Man kommt bei einem Projekt »voran«, die Mieten »steigen«, und bei einem nicht enden wollenden Streit drehen wir uns »im Kreis«. Wenn wir solche Analogien verwenden, dann übersetzen wir reale Probleme in topologische.

Denken Sie beispielsweise an die Politik. Politische Ideologie ist eine hochkomplexe Angelegenheit, und nicht immer ist augenfällig, wie sich die Überzeugungen zweier Menschen auf prägnante Weise vergleichen und einander gegenüberstellen lassen. Um die Dinge zu vereinfachen, ist es Usus, die Ausrichtung der politischen Überzeugung auf einer Links-rechts-Achse dazustellen – mit progressiven, liberalen und egalitären Idealen auf der linken Seite und konservativen, reaktionären und libertären Ansichten auf der rechten Seite.

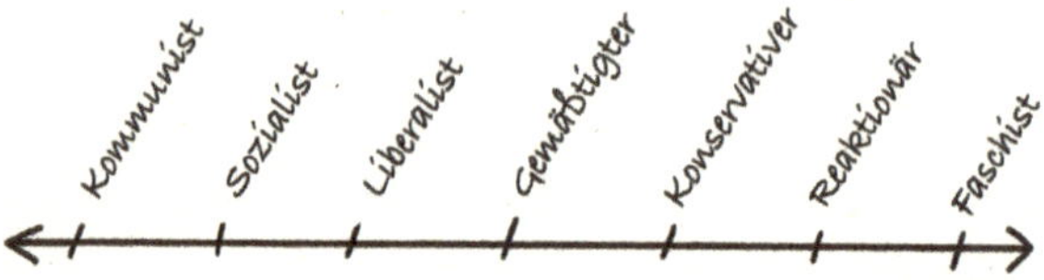

Es handelt sich dabei nicht um ein perfektes System, aber es ist eine hilfreiche visuelle Analogie. Wir können damit komplizierte vielschichtige Fragen in einfachen visuellen Begriffen stellen: »Wer steht in Sachen Arbeitnehmerrechte weiter links?« Und natürlich gehen uns dabei viele Details verloren – nichts in der realen Welt ist jemals so ordentlich und reduziert wie die abstrakte Welt der Topologie –, aber viele wichtige Informationen sind uns erhalten geblieben.

Sobald man eine visuelle Analogie wie die obige aufgestellt hat, hat man Zugang zur gesamten Sprache und zu all den Werkzeugen der Topologie. Sie können sich fragen, welcher Raum das System am besten darstellt: Ist es ein Kreis oder eine unendliche Linie? Mit anderen Worten: Ist Ideologie etwas Zyklisches oder gibt es immer die Möglichkeit, sich noch weiter nach links oder rechts zu bewegen? Oder gibt es vielleicht besondere Punkte? Gibt es »echte linke« und

»echte rechte« Positionen, und jeder von uns befindet sich irgendwo in der Mitte dieser beiden Positionen?

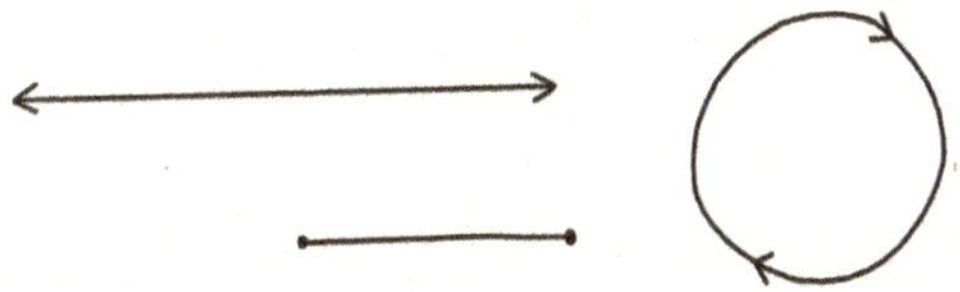

Vielleicht sollten wir uns aber auch mit dem Gedanken befassen, dass politische Ideologie mehr Dimensionen hat, als sich auf einer einfachen Links-rechts-Achse darstellen lässt. Manche Menschen sagen, sie seien sowohl sozialliberal als auch fiskalkonservativ. Das würde bedeuten, dass der Raum der Ideologie mindestens zweidimensional ist. Wenn das stimmt, mit welcher zweidimensionalen Mannigfaltigkeit haben wir es dann zu tun? Erstrecken sich beide Achsen ins Unendliche, wie eine Ebene? Ist eine von ihnen gewunden, sodass ein unendlicher Zylinder entsteht? Sind beide Achsen gewunden, wie bei einem Torus? (Okay, sie sind wahrscheinlich nicht beide gewunden wie bei einem Torus.)

Diese Fragen können mehr als nur interessante Gedankenspiele sein. Wenn Sie ein bestimmtes Ziel verfolgen, das mit den ideologischen Ausrichtungen der Menschen zu tun hat – wenn Sie beispielsweise eine Wahlprognose treffen oder Unterstützer für eine Initiative finden wollen –, dann verfügen Sie mit einem Modell des ideologischen Raums über ein wichtiges Werkzeug. Politische Kampagnen nutzen Meinungserhebungen, um die Verteilung der Wähler innerhalb eines ideologischen *Raumes* abschätzen zu können; anschließend nutzen sie diese Modelle, um Wähler zu gewinnen, indem sie ihre Botschaften auf diese zuschneiden. Politikwissenschaftler haben einen ersten Weg gefunden, die Abstimmungsergebnisse von Abgeordneten zu nutzen, um vorherzusagen, wie diese in Zukunft abstimmen werden, und das funktioniert, indem jeder Abgeordnete automatisch in einen zweidimensionalen »Ideologieraum« eingeordnet wird.

Auf diese Weise wird die Klassifizierung von Mannigfaltigkeiten außerhalb der Mathematik angewendet. Das abstrakte mathematische Problem muss nur einmal gelöst werden; anschließend ist die Liste der zur Auswahl stehenden Räume jedes Mal dieselbe, wann immer man eine visuelle Analogie anwendet, um etwas zu erörtern.

Und ich kann es wirklich nicht genug betonen: Wir verwenden *andauernd* visuelle Analogien. Temperaturen steigen und fallen. Die Einkommen können niedrig oder hoch sein oder durch die Decke gehen. Der Dezember ist noch weit weg, dann rückt er näher, dann vergeht er wie im Fluge, und dann liegt er hinter uns. All diese Redewendungen stellen den Ist-Zustand irgendeines Systems als Punkt in einem konzeptionellen Raum dar, um dann Veränderungen in diesem System als physische Bewegung durch diesen Raum darzustellen.

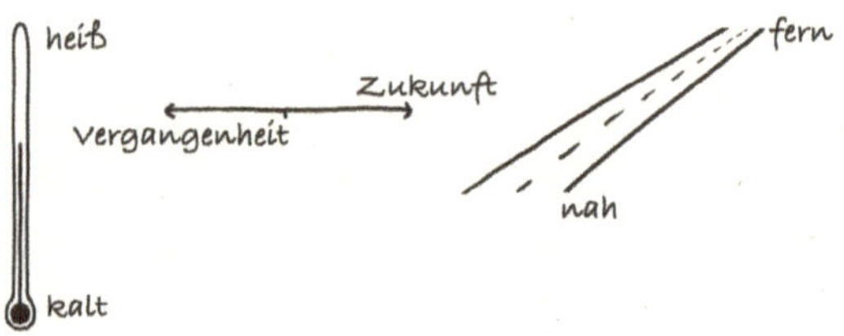

Alle genannten Beispiele sind eindimensional, aber es können sich dennoch interessante topologische Fragen daraus ergeben. Dehnt sich die Temperatur ewig in beide Richtungen aus oder gibt es eine absolute Begrenzung bei Kälte beziehungsweise eine absolute Begrenzung bei Hitze? Läuft die Zeit ewig in Richtung Zukunft ab oder wird es einen »Big Crunch« geben, den »großen Zusammenbruch«? Oder beschreibt sie eine Art Schleife rückwärts, sodass wir, wenn wir lange genug warten, in der fernen Vergangenheit landen?

Für komplexere Konzepte müssen wir auf die höherdimensionalen Mannigfaltigkeiten zurückgreifen. Zugegeben, es kommt nur ziemlich selten vor, dass wir tatsächlich die schmuckeren Mannigfaltigkeiten nutzen müssen – die reelle projektive Ebene, den dreifachen Torus oder die verrückten unentdeckten Mannigfaltigkeiten der vierten Dimension. (Diese sind ab und an Gegenstand der Physik, aber das war's dann auch schon, soweit ich weiß.) Die meisten Systeme, denen wir im Alltag begegnen, lassen sich durch einfache flache Räume gut beschreiben: die Linie, die Ebene, der übliche dreidimensionale Raum und so weiter. Wenn wir in diesen Fällen versuchen, ein System zu verstehen, lautet die wichtigste topologische Frage schlicht: »Wie viele Dimensionen hat es?«

Das ist die Frage, die sich in vielen Debatten verschiedener Diskursbereiche unter der Oberfläche verbirgt. Wir haben ein Konzept. Wie viele Dimensionen hat es? Wenn Sie sagen, dass Geschlecht ein Spektrum ist und nicht etwa binär, dann ist das eine topologische Behauptung: Sie sagen damit, dass der Genderraum eindimensional ist (nämlich eine Linie) und nicht nulldimensional (in Form zweier separater Punkte). Vielleicht glauben Sie aber auch, dass es sich um einen höherdimensionalen Raum handelt und dass die Achse weiblich-männlich nur eine Unterscheidungsachse unter vielen ist. Die Frage, welches begriffliche Paradigma zu verwenden ist, lässt sich manchmal auf die Frage der Dimensionalität herunterbrechen.

Ab hier werde ich den Rest des Kapitels dafür nutzen, einige Beispiele für begriffliche Räume durchzugehen und zu überlegen, wie viele Dimensionen sie jeweils haben könnten.

Beginnen wir mit Persönlichkeit. Es liegt auf der Hand, dass unterschiedliche Menschen unterschiedliche Persönlichkeiten haben; die Persönlichkeiten von Menschen lassen sich miteinander vergleichen, und sie können sich allmählich auf alle möglichen Arten verändern, die nahelegen, dass die Verwendung einer visuellen Analogie sinnvoll ist. Was also sind die Dimensionen der Persönlichkeit? Wie können wir Persönlichkeit auf verschiedene Komponenten herunterbrechen?

Es gibt eine Vielzahl von Persönlichkeitsmodellen, die unterschiedlichen Denkschulen entstammen und für verschiedene Zwecke verwendet sowie auf unterschiedliche Weise ausgewertet werden. Ein bekanntes Modell ist der Myers-Briggs-Persönlichkeitstest, der vier Achsen verwendet: Extraversion - Introversion, Sensorik - Intuition, Denken - Fühlen und Beurteilung - Wahrnehmung. Deutlich weniger bekannt, aber von Akademikern bevorzugt, ist das »Big Five«-Modell (auch OCEAN-Modell genannt), das mit fünf Dimensionen arbeitet: Offenheit für Erfahrungen (Aufgeschlossenheit), Gewissenhaftigkeit (Perfektionismus), Extraversion (Geselligkeit), Verträglichkeit (Rücksichtnahme, Kooperationsbereitschaft, Empathie) und Neurotizismus (emotionale Labilität und Verletzlichkeit). Und dann gibt es noch die Astrologie, die sich auf zwölf einigermaßen fluide Persönlichkeitstypen konzentriert, von denen sich jeder in unterschiedlicher Weise und Ausprägung in jeder Person manifestiert. Ich schätze, man könnte behaupten, dass es sich dabei um so etwas wie einen zwölfdimensionalen Raum handelt.

Welches dieser Modelle ist richtig? Nun ja, keines davon. Zumindest nicht genau. Soweit ich das beurteilen kann, reichen selbst zwölf Dimensionen nicht aus, um etwas so Kompliziertes wie Persönlichkeit voll und ganz zu beschreiben. Wie bei der politischen Ideologie hoffen wir auch hier nicht darauf, eine perfekte Beschreibung zu finden. Wir wollen nur einige Grundlagen festhalten, damit wir eine gemeinsame Sprache haben, um über Persönlichkeiten zu sprechen und sie miteinander vergleichen zu können.

Da kein Modell perfekt ist, kann jedes Modell von unterschiedlichen Menschen aus unterschiedlichen Gründen auf unterschiedliche Weise verwendet werden. So verwenden beispielsweise einige Werbetreibende das OCEAN-Modell, um Werbung im Internet zielgruppengerecht zu gestalten; sie können ein und dasselbe Produkt auf unterschiedliche Weise beschreiben, je nachdem beispielsweise, ob sie sich an gewissenhafte oder eher weniger gewissenhafte Menschen richten. Anscheinend ist dieses Modell für diesen Zweck recht gut geeignet; wenn aber Ihr Interesse an der Persönlichkeit nicht dem Zweck dient, das Kaufverhalten von Menschen vorherzusagen, dann können Sie natürlich auch gern ein anderes Modell verwenden.

Erwähnenswert ist: All diese Modelle haben mehr als drei Dimensionen, und das stellt kein Problem dar. Wenn Sie ein gutes dreidimensionales Modell hätten, könnten Sie jede Person buchstäblich als Punkt in einem physischen dreidimensionalen Raum darstellen. Bei vier oder mehr Dimensionen geht das nicht, na klar, aber man kann sich trotzdem irgendwie vorstellen, was das bedeuten würde, selbst wenn man sich einen zwölfdimensionalen Raum nicht wirklich vorstellen kann.

Hier hätte ich noch ein viel einfacheres Beispiel. Nennen wir es den Raum der Wasserhähne. Was ist der Raum aller möglichen Einstellungen eines Standard-Wasserhahns? Um wie viele Dimensionen geht es?

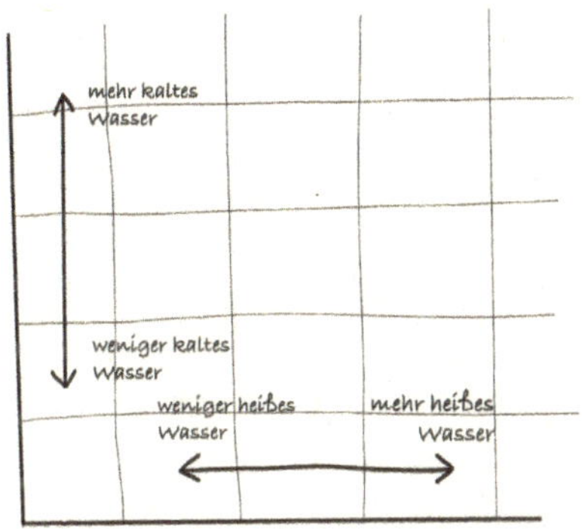

Die Antwort lautet: zwei. Man wählt die Durchlaufmenge des heißen Wassers und die Durchlaufmenge des kalten Wassers, und damit sind die Einstellungen eines Wasserhahns in Gänze beschrieben. Für ein solches System entspricht die Anzahl der Dimensionen der Anzahl an Armaturen oder sonstigen Regulierungsmechaniken wie Knöpfen oder Hebeln. Aus diesem Grunde werden Dimensionen bisweilen auch »Freiheitsgrade« genannt.

Aber halt: Es gibt noch eine andere Möglichkeit, den Raum eines Wasserhahns zu definieren. Einige Wasserhähne haben nicht zwei separate Armaturen, sondern nur einen einzigen Griff, der sich von oben nach unten bewegen lässt, um die Wassermenge zu regulieren, sowie von links nach rechts, um die Temperatur zu regulieren.

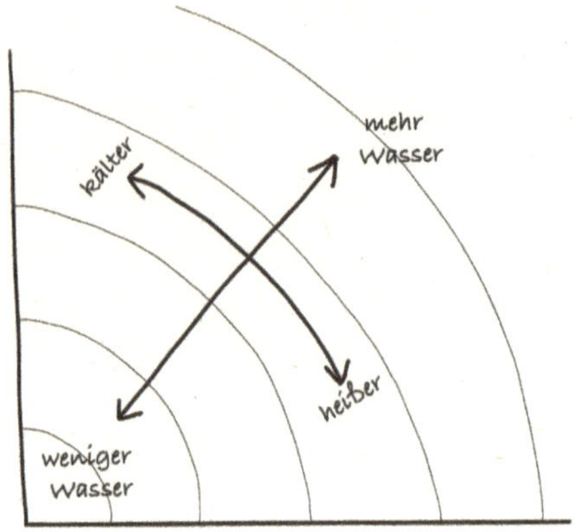

Diese Art von Wasserhahn deckt genau denselben Wasserhahnraum ab wie die Wasserhähne mit zwei Armaturen – beide Varianten haben exakt dieselben möglichen Wassereinstellungen. Es handelt sich lediglich um zwei unterschiedliche Ausführungsarten ein und derselben Sache. Wenn Sie eine bestimmte Wassereinstellung auswählen möchten, können Sie entweder die Menge an heißem und kaltem Wasser einstellen oder Sie können die Gesamtmenge und die Temperatur des Wassers einstellen. In beiden Fällen gibt es zwei Koordinaten. Es ist ein zweidimensionaler Raum.

Ein weiteres Beispiel aus dem Haushalt: Ich verstehe nicht, warum mein Toaster drei Knöpfe hat. Soweit ich das beurteilen kann, gibt es zwei Variablen, die ich steuern kann: die Temperatur und die Zeitspanne, bevor die Toastscheiben rausspringen. Das wäre also ein zweidimensionaler Raum. Warum gibt es dann aber drei Knöpfe? Was ist der Unterschied zwischen Toasten, Grillen und Aufbacken?

Und wo wir schon in der Küche sind: Lassen Sie uns über das Backen sprechen. In jedem Rezept wird die benötigte Menge an Mehl, Butter, Eiern und so weiter angegeben; außerdem verrät es uns, wie lange und bei welcher Temperatur gebacken werden muss. Wir können uns ein vollständiges Rezept demnach als Punkt in einem vieldimensionalen Raum vorstellen, in dem jede Achse einer Zutat entspricht. Wenn Sie ein Rezept ändern, indem Sie mehr Kakaopulver hinzufügen, verschieben Sie den Rezeptpunkt auf der Kakaopulverachse weiter nach rechts. Wenn man die Ofentemperatur erhöht, erhält man ein neues Rezept, das weiter außen auf der Temperaturachse liegt.

In diesem topologischen Modell bilden die meisten Punkte absolut ekelhafte Rezepte ab, etwa eine Gallone Backpulver plus ein Ei. Die Kunst des Backens kann man sich als einen Prozess vorstellen, bei dem man verschiedene Punkte in diesem Raum ausprobiert und versucht, herauszufinden, welche Kombinationen davon besonders schmackhaft sind. Es gibt einen Bereich in diesem Backraum, der »Kekse« genannt wird, und einen Bereich, der »Kuchen« heißt, sowie in diesem Bereich einen kleineren Bereich, der »Rührkuchen« heißt. Natürlich gibt es beim Backen mehr Variablen als nur eine Liste von Zutaten – zum Beispiel die Konsistenz der Butter beim Hinzufügen oder die genaue Position des Teigs im Ofen und das Material der Backform –, aber Sie können sich vorstellen, dass Sie womöglich in der Lage sind, diese Variablen als gesonderte Dimensionen hinzuzufügen, um somit ein ziemlich umfassendes Modell des Backens als topologischer Raum zu erschaffen.

Jetzt verstehen Sie vielleicht auch, warum einige Hardcore-Mathematiker die ganze Welt für eine einzige große mathematische Problemstellung halten. Wenn wir uns komplexen Konzepten recht wirkungsvoll mit grundlegenden mathematischen Konzepten annähern können, warum sollte es dann nicht auch möglich sein, dass wir unsere Modelle ein klein wenig komplizierter gestalten und am Ende eine exakte mathematische Beschreibung von allem erhalten?

Drei weitere kurze Beispiele. Geschmack, so sagt man, hat fünf Dimensionen, die unseren fünf Geschmacksknospentypen entsprechen: salzig, süß, bitter, sauer und umami (etwa: herzhaft, würzig). Wenn das stimmt, dann entsteht jeder einzelne Geschmack, den Sie je gekostet haben, durch einen Teil salzig plus einen Teil süß plus et cetera. Das kommt einem ein wenig traurig und reduktiv vor, zeigt aber andererseits auch, wie viel Platz es in einem fünfdimensionalen Raum gibt.

Es ist außerdem nicht ganz richtig, zu sagen, dass ein Geschmack ein einzelner Punkt in diesem Raum wäre. Wenn man in einen Taco beißt, schmeckt man nicht nur einen einzigen Geschmackspunkt, sondern eine rasche Abfolge von verschiedenen Geschmäcken. Vielleicht ist es also zutreffender, sich jeden Geschmack als einen Pfad durch den Geschmacksraum vorzustellen, der uns viel mehr Raum gibt, um selbst innerhalb der Grenzen unserer fünf Grundgeschmacksrichtungen neue Geschmäcke zu entdecken. Denn schließlich wird unser Gehör durch eine einzige Variable beschrieben (nämlich die Tonhöhe, die auch Frequenz genannt wird), und die Menschen lassen sich immer wieder neue und wunderschöne Wege einfallen, um uns im Verlaufe nur weniger Minuten durch den Frequenzraum zu tragen.

Farbe ist dreidimensional. Das haben Sie wahrscheinlich schon als Kind gelernt, ohne dass Sie es in Dimensionen ausgedrückt hätten. Jede Farbe lässt sich aus drei Grundfarben zusammensetzen, indem diese in unterschiedlichen Anteilen miteinander kombiniert werden. Wir haben herausgefunden, dass der Farbraum dreidimensional ist, lange bevor wir den Grund dafür kannten: Unsere Augen haben drei verschiedene Farbrezeptoren, von denen jeder für eine andere Lichtfrequenz sensibilisiert ist. Die Rot-Zapfen, die Grün-Zapfen und die Blau-Zapfen resonieren jeweils in einem bestimmten Maße, und dadurch wird ein Punkt im dreidimensionalen Farbraum ausgewählt – also eine Farbe, wenn man so will.

Aus diesem Grund haben die Farbwähler in Computerprogrammen drei Kontrolldimensionen. Oft haben sie drei Schieberegler: Rot, Grün und Blau. Manchmal sind es aber auch Farbton, Sättigung und Helligkeit. Manchmal gibt es auch eine zweidimensionale Farbscheibe sowie einen Schieberegler für die Helligkeit. Wie beim Wasserhahnraum gibt es mehrere Möglichkeiten, die Koordinaten auszuwählen, aber sie alle umfassen genau denselben Farbraum. Das Schöne an den Dimensionen ist, dass jeder Raum eine feste Anzahl von Dimensionen hat - unabhängig vom gewählten Koordinatensystem.

Das seltsamste Beispiel habe ich für zuletzt aufgespart. Wie erwartet lassen sich die meisten dieser realen Räume durch schlichte flache Räume hinlänglich gut beschreiben, ohne irgendwelche geschlossenen Loops oder Windungen. Die seltsameren Mannigfaltigkeiten galten früher als eine Art intellektuelles Kuriosum, etwas, womit Topologen sich nur aus einem Grund beschäftigten: um sie alle zu entdecken. Doch dann begann man zu erkennen, dass das physikalische Universum selbst einer dieser seltsamen Räume sein könnte.

Wie wir sehen können, hat der physikalische Raum drei Dimensionen. Und die Zeit hat eine Dimension. In einigen Bereichen der Physik wird es notwendig, diese beiden Konzepte zusammen als eine Einheit zu behandeln, die Raumzeit. So wie man einem Freund eine Zeit und einen Ort nennt, wenn man sich mit ihm treffen möchte, so identifizieren auch Physiker Ereignisse in der Raumzeit mit vierdimensionalen Koordinaten. Man könnte nun meinen, dass die Raumzeit ein gewöhnlicher vierdimensionaler Raum ist, in dem jede Dimension durch eine gerade Linie dargestellt wird. Das ist sie aber nicht. Zumindest erhalten wir, wenn wir versuchen, die Raumzeit als vierdimensionalen Standardraum zu modellieren, ungenaue Vorhersagen.

Wenn die Raumzeit ein gekrümmter oder verdrehter Raum wäre - so etwas wie ein Torus oder eine reelle projektive Ebene -, dann würde unsere Intuition darüber, wie die Realität funktioniert, zusammenbrechen, sobald wir versuchen, das Universum als Ganzes zu betrachten. Das Universum könnte endlich sein, aber keine Begrenzung haben, wie die Oberfläche einer Kugel. Es könnte sich ausdehnen, sich aber in nichts hineindehnen. Vor dem Urknall könnte es tatsächlich nichts geben, so wie es nördlich des Nordpols nichts gibt. Fragen nach der Möglichkeit von Zeitreisen oder Wurmlöchern, die einen sofort von einem Teil des Raums in einen anderen bringen, könnten davon abhängig sein, in welcher Art von Raum genau wir leben.

Natürlich scheren Topologen sich nicht um diesen »Angewandte Mathematik«-Unsinn. Sie versuchen lediglich, alle Formen zu entdecken.

Sonne, Mond und Mathe

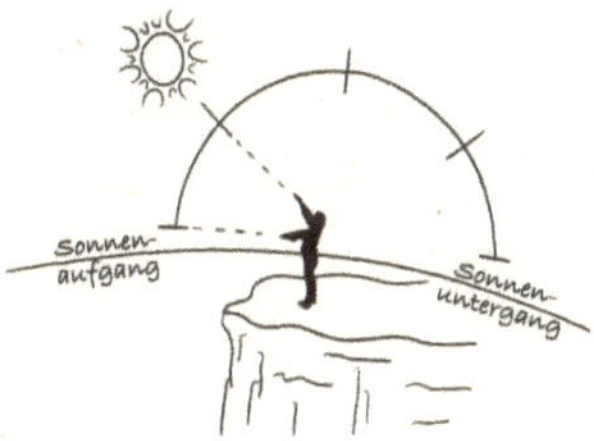

Wenn Sie wissen, wo Osten ist und wann in etwa die Sonne auf- beziehungsweise untergeht, dann können Sie Winkelberechnungen verwenden, um herauszufinden, wie spät es ist.

Ein Vollmond erscheint niemals tagsüber. Ein Neumond erscheint niemals bei Nacht. Der Halbmond erscheint jeweils zur Hälfte der Zeit bei Tag und bei Nacht.

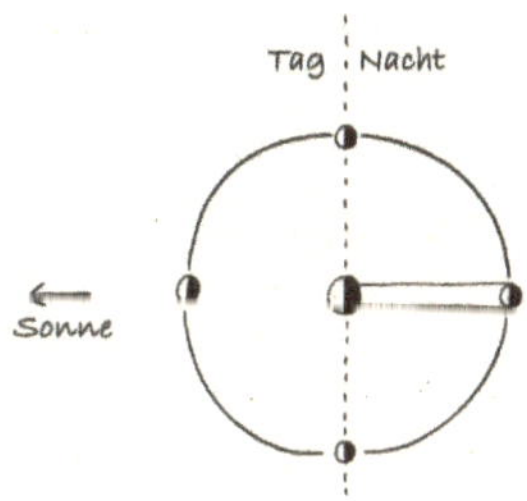

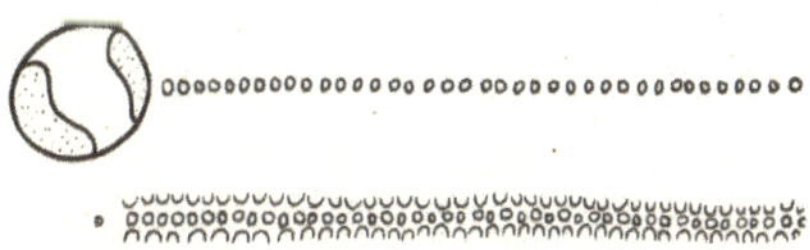

Der Mond ist etwa hundert Monde von uns entfernt.
Die Sonne ist etwa hundert Sonnen von uns entfernt.
Darum wirkt es so, als hätten sie die gleiche Größe.

Reguläre Polytope

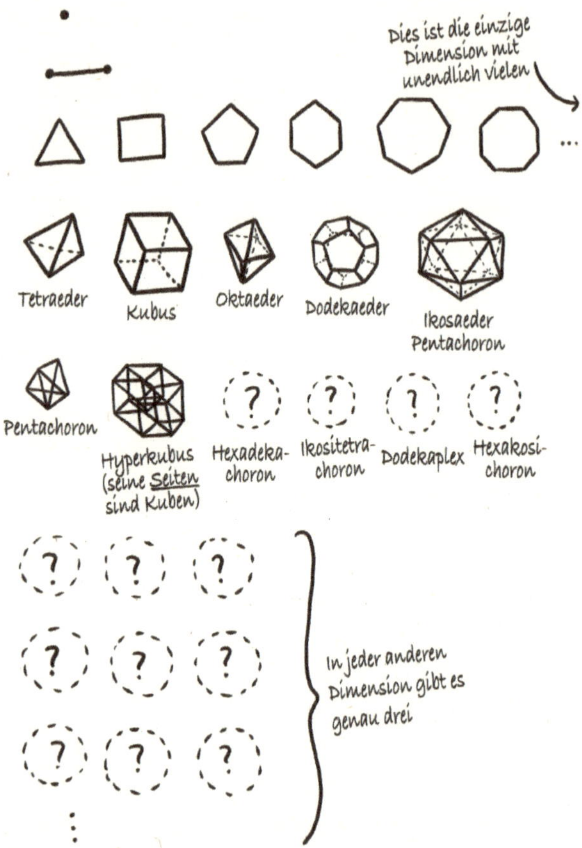

Einige Fakten über Kreise

Um einen Kreis herum passen sechs Kreise gleicher Größe.

Die Tangente jedes Kreispunktes verläuft orthogonal (rechtwinklig) zu seinem Radius.

Alle über demselben Bogen (Kreisausschnitt) platzierten Winkel sind gleich groß.

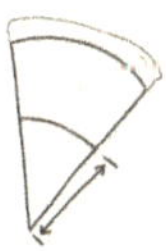

Die untere Hälfte eines Pizzastücks macht nur ein Viertel der Gesamtfläche aus.

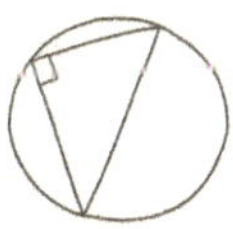

Jedes Dreieck, bei dem eine Seitenlänge dem Kreisdurchmesser entspricht, ist ein rechtwinkliges Dreieck.

Für drei beliebige Punkte gibt es einen Kreis, der sie schneidet. (Wenn man eine Linie als Kreis mit unendlichem Radius zählt.)

Analysis

Unendlichkeit

Das Kontinuum

Abbildungen

Unendlichkeit

Sie wissen, was Unendlichkeit ist. Sie ist größer als jede Zahl. Sie ist das, wohin Sie zählen, wenn Sie ewig zählen, ohne jemals aufzuhören. Sie ist die Gesamtheit alles Existierenden und noch ein wenig mehr.

Wenn die Leute Fragen zum Thema Unendlichkeit haben, gibt es immer eine Sache, die sie wissen möchten:

Auf diese Frage gibt es tatsächlich eine Antwort. Es ist keine offene Frage, und es ist auch keine Trickfrage. Die Antwort lautet entweder »Ja« oder »Nein«, und am Ende dieses Kapitels werde ich Ihnen sagen, wie sie lautet.

Sie können jetzt schon versuchen zu raten, aber vielleicht sollten wir zuerst die Spielregeln festlegen, damit Sie wissen, wovon wir reden.

In jedem Falle brauchen wir eine Regel, die »größer« definiert. Wie können wir sicher wissen, dass wir etwas gefunden haben, das größer als die Unendlichkeit ist? Bei endlichen Mengen ist es leicht zu erkennen, wann etwas größer ist als etwas anderes. Bei der Unendlichkeit scheint das aber nicht so offensichtlich zu sein. Wir wollen uns nicht mit Ermessensentscheidungen begnügen, daher sollten wir eine solide, narrensichere Regel aufstellen, die uns sagt, wann eine Menge »größer« als eine andere ist.

Wie bestimmen wir denn in normalen, endlichen Fällen üblicherweise, was »größer« ist? Was bedeutet es, wenn wir sagen, dass die Anhäufung auf der rechten Seite größer ist als die auf der linken?

Ja, es ist völlig offensichtlich, wenn man es sich anschaut. Aber stellen Sie sich vor, Sie treffen jemanden – einen Außerirdischen von einem anderen Planeten –, der noch nie etwas von »größer«, »mehr« oder dergleichen gehört hat. Wie erklären Sie ihm, dass der rechte Stapel größer ist? Nein, wirklich, versuchen Sie das mal! Es ist ein so grundlegendes Konzept, dass es gleich wieder schwer ist, es von Grund auf zu erklären.

Wenn man in der Mathematik nicht weiterkommt, besteht ein gängiger Trick darin, die genau entgegengesetzte Frage zu stellen und zu sehen, wohin das führt. Wie würden Sie dem Außerirdischen also erklären, dass diese beiden Stapel hier gleich groß sind?

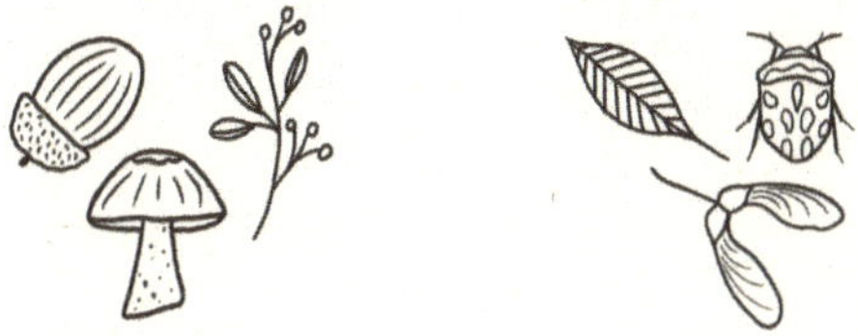

Auf das Wort »gleich« können Sie dabei nicht zurückgreifen, denn das ist ja genau, was wir zu definieren versuchen. Dieser Außerirdische möchte verstehen, wovon Sie sprechen, wenn Sie Dinge als »gleich« oder »dasselbe« bezeichnen.

Hier eine Idee, was Sie tun könnten, um sich verständlich zu machen: Ordnen Sie die Sachen in einer Reihe an, um auf diese Weise zu zeigen, dass jedem einzelnen Gegenstand auf der einen Seite ein Gegenpart auf der anderen Seite zugeordnet werden kann. Die Reihen (oder eben die beiden Anhäufungen) haben die gleiche Größe, weil man die einzelnen Bestandteile beider Seiten einander zuordnen kann, ohne dass etwas übrig bleibt.

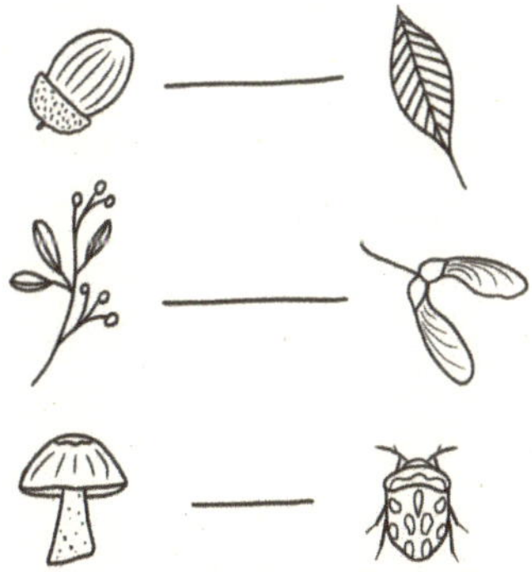

Neue Regel

Zwei Anhäufungen sind von gleicher Größe, wenn man ihre einzelnen Objekte einander in Paaren zuordnen kann, ohne dass am Ende etwas übrig bleibt.

Unser »Frage nach dem Gegenteil«-Trick hat funktioniert. Wir erhalten jetzt eine brauchbare Definition von »größer«, indem wir die Regel entsprechend umformulieren:

Neue Regel

Lassen sich die einzelnen Objekte zweier Anhäufungen einander nicht restlos in Paaren zuordnen, dann ist diejenige Anhäufung die größere, bei der es Überbleibsel gibt.

Nun ist die Frage klar definiert, und die Antwort steht fest. Gibt es irgendetwas, das größer als die Unendlichkeit ist? Ja oder nein – was sagen Sie? Gibt es etwas, bei dem etwas übrig bliebe, wenn man versuchen würde, es mit einer unendlichen Anhäufung zu vergleichen? Jetzt ist es an der Zeit, eine fundierte Vermutung anzustellen.

Wir können uns die Unendlichkeit als einen Beutel ohne Boden vorstellen, der eine unendliche Anzahl von Objekten enthält.

Man kann diesem Beutel eine beliebige endliche Anzahl von Objekten entnehmen, und es bleibt immer noch unendlich viel übrig.

Wie könnte irgendwas größer als das sein? Nun, wie sieht es denn aus mit »Unendlichkeit plus eins«?

Es hat nicht den Anschein, als würde ein zusätzliches Objekt im Vergleich zur Unendlichkeit einen Unterschied machen, aber wenden wir doch die Paarregel an, um sicherzugehen. Zunächst ordnen wir die Objekte in unserem Unendlichkeitsbeutel in einer Reihe an, damit wir besser sehen können, was womit gepaart wird.

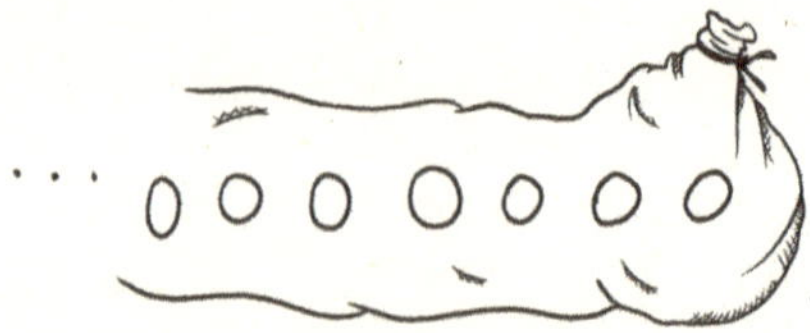

Wenn wir versuchen, die Sachen einander auf die naheliegende Art zuzuordnen, dann sieht es zweifellos so aus, als wäre »Unendlichkeit plus eins« größer.

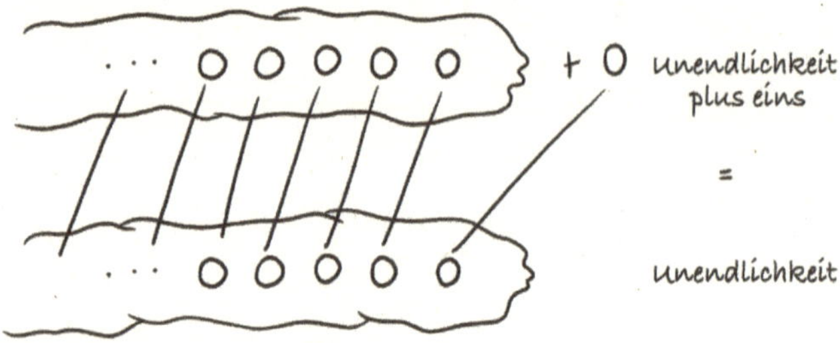

Aber seien Sie vorsichtig! Unsere Regeln besagen, dass etwas nur dann größer ist, wenn man Überbleibsel nicht zuordnen kann. (Es ist immer von Vorteil, einen Schritt zurück zu machen, um sich die Regeln noch mal anzuschauen.) Es gibt eine andere Art, die Zuordnung vorzunehmen, die so funktioniert, dass auf keiner der beiden Seiten etwas übrig bleibt.

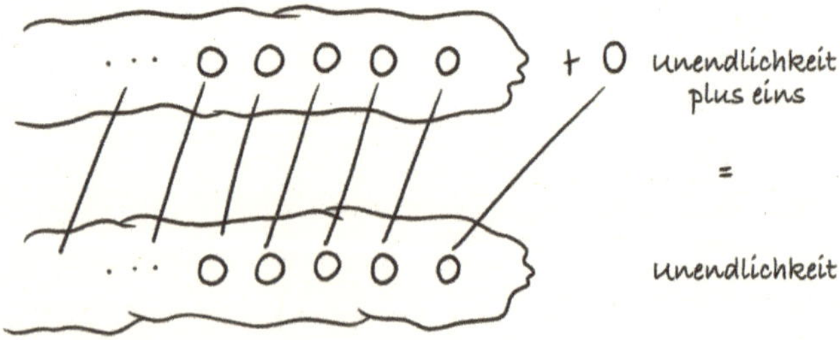

Wenn Ihnen das wie Schummelei vorkommt, halten Sie kurz inne und überzeugen Sie sich selbst davon, dass dem nicht so ist. Wir ordnen ein Objekt nicht einem Punkt-Punkt-Punkt zu, sondern dem nächsten Objekt, das sich hinter dem Punkt-Punkt-Punkt verbirgt. Da beide Beutel ewig weitergehen, gibt es kein Objekt ohne zuordenbaren Partner, und somit sind die beiden Anhäufungen gleich groß. Unendlichkeit plus eins ist gleich Unendlichkeit!

Dazu möchte ich gerne eine Geschichte erzählen, um aufzuzeigen, wie seltsam dieses Ergebnis ist.

Stellen Sie sich vor, Sie arbeiten am Empfang eines ganz besonderen Hotels, des Hotels Infinity. Das Hotel Infinity hat unendlich viele Zimmer. Es gibt einen langen Flur mit einer Reihe von Türen, und egal, wie weit man geht, diese Reihe von Türen geht immer und immer weiter, findet nie ein Ende. Es gibt kein Zimmer mit der Nummer »Unendlichkeit«, es gibt kein »letztes Zimmer«, denn der Flur hat kein Ende. Es gibt ein erstes Zimmer, und dann folgt auf jedes Zimmer ein weiteres Zimmer direkt daneben.

Heute Abend ist besonders viel los: Jedes Zimmer im Hotel ist belegt. (Ja, in dieser Welt gibt es auch unendlich viele Menschen.) Wenn man den Gang entlanggeht, ganz egal, wie weit, und an irgendeine Tür klopft, dann hört man jedes Mal: »Hier ist jemand drin! Bitte nicht stören!« Endlos viele Zimmer, belegt von endlos vielen Menschen.

Dann kommt jemand von draußen in die Hotellobby und sagt: »Könnte ich bitte ein Zimmer haben?«

Es ist nicht Ihr erster Abend im Hotel Infinity, also wissen Sie genau, was zu tun ist. Sie gehen an die Lautsprecheranlage und machen eine Durchsage: »Bitte entschuldigen Sie die Unannehmlichkeiten. Alle Gäste sind aufgefordert, ein Zimmer weiterzuziehen. Richtig verstanden: Packen Sie Ihre Sachen, gehen Sie auf den Flur und ziehen Sie in das Nebenzimmer, eine Tür weiter vom Empfangsbereich entfernt. Wir bedanken uns und wünschen Ihnen noch einen angenehmen Abend.« Sobald jeder der Aufforderung Folge geleistet hat, haben Sie ein Zimmer für den neuen Gast frei gemacht.

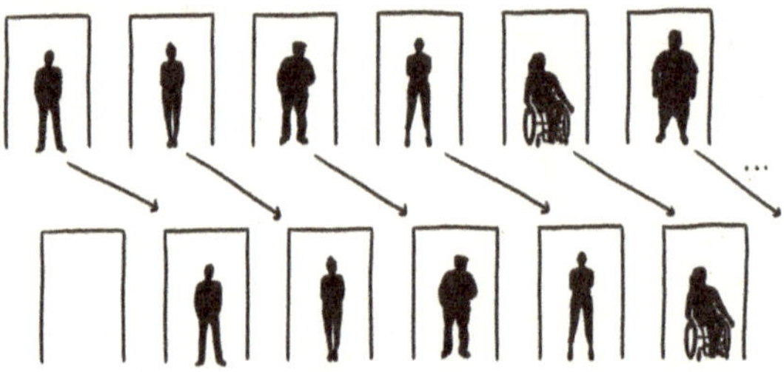

Unendlich viele Räume, unendlich viele Gäste plus ein Gast, und noch immer haben Sie genauso viele Zimmer, wie Sie Gäste haben. Unendlichkeit plus eins ist gleich Unendlichkeit.

Unendlichkeit plus fünf, Unendlichkeit plus eine Billion – das ist egal. Es gilt die gleiche Logik. Man kann die Inhalte der Beutel paaren, man kann die zusätzlichen Gäste unterbringen. Die Unendlichkeit ist so groß, dass endliche Mengen im Vergleich dazu gar nicht ins Gewicht fallen. Wir haben also nichts gefunden, was größer als unendlich ist.

Wie verhält es sich mit Unendlichkeit plus Unendlichkeit? Kann man den Inhalt zweier Unendlichkeitsbeutel mit dem eines einzelnen Unendlichkeitsbeutels paaren?

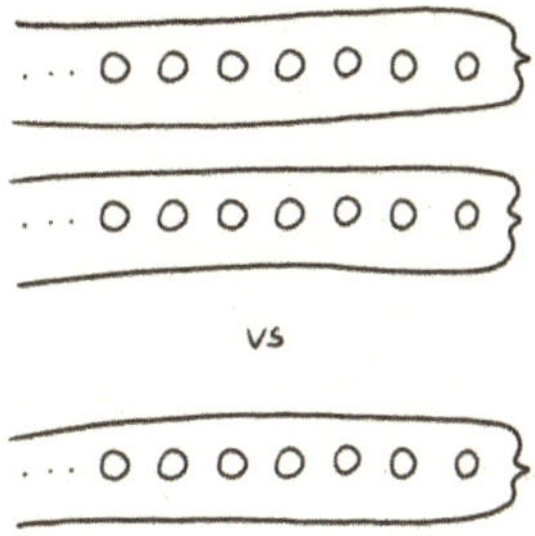

Diesmal können wir nichts »rüberschieben«. Wir brauchen einen neuen Trick, wenn uns die Paarzuordnung hier gelingen soll. Vielleicht ist eine Zuordnung hier aber auch unmöglich, und wir haben etwas gefunden, das größer ist als die Unendlichkeit. Was glauben Sie?

Und hier noch einmal dieselbe Frage, bezogen auf das Hotel. Sie sitzen wieder an der Rezeption, und das Hotel ist voll belegt. In die Lobby kommt diesmal nicht nur ein neuer Gast, sondern eine ganze unendliche Reihe neuer Gäste, von denen jeder ein Zimmer braucht. Können Sie sie unterbringen? Ist Unendlichkeit plus Unendlichkeit dasselbe wie Unendlichkeit?

Hier wird derselbe Trick wie zuvor nicht funktionieren – denn wie will man jemandem sagen, er solle den Flur entlang an unendlich vielen Türen vorbeigehen? Wo würde da allein schon der erste Gast landen? Es gibt kein Zimmer mit der Nummer »Unendlichkeit plus eins«, in das man umziehen könnte.

Ist es möglich?

Es ist möglich, und zwar so: Sie gehen wieder an die Lautsprecheranlage: »Ich bitte alle Gäste, die Störung zu entschuldigen. Würde der Gast im ersten Zimmer bitte in das zweite Zimmer umziehen, und würde der Gast im zweiten Zimmer bitte in das vierte Zimmer umziehen? Und würde bitte generell jeder von Ihnen in dasjenige Zimmer umziehen, das doppelt so weit von der Lobby entfernt ist wie sein jetziges?«

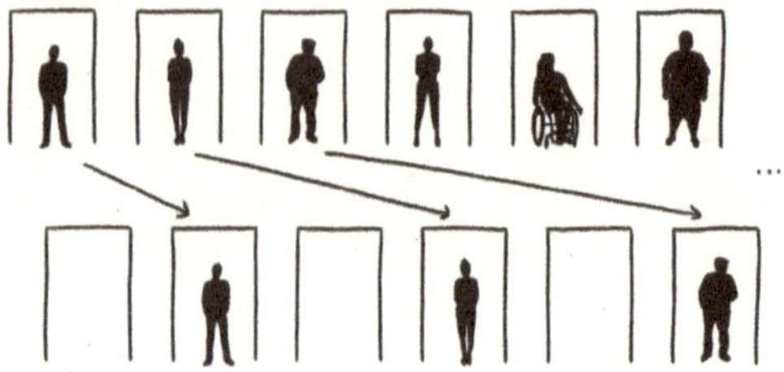

Noch immer hat jeder Gast ein Zimmer, und auf wundersame Weise hat man durch die Aufteilung unendlich viele Zimmer für die neuen Gäste frei gemacht. Wenn die Türen nummeriert sind, sind alle Räume mit ungeraden Nummern jetzt leer.

Hier ist dieselbe Beweisführung für eine entsprechende Aufteilung in der Beutelwelt:

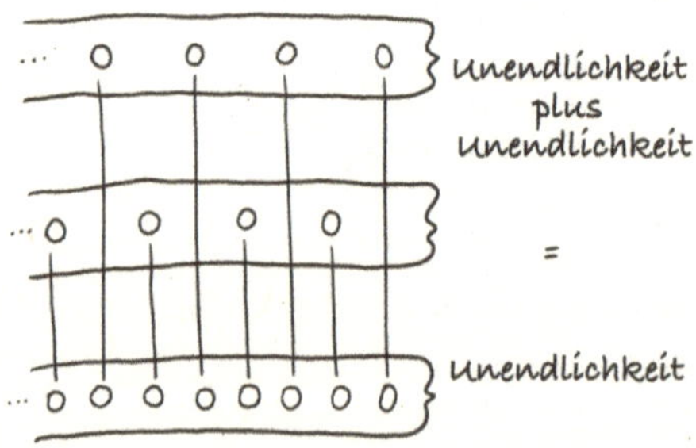

Vielleicht denken Sie jetzt, dass das ein bisschen zu viel des Guten ist. Es ist definitiv ein wenig kontraintuitiv, das gebe ich zu. Aber wenn Sie wirklich über die Unendlichkeit sprechen wollen, werden Sie Ihre Intuition infrage stellen müssen. Sie werden zu seltsamen, nichtintuitiven Ergebnissen kommen, wie etwa dem, dass die Unendlichkeit gleich dem Doppelten ihrer selbst ist. Wegen solcher Beweise haben sich Mathematiker lange Zeit geweigert, sich mit der Unendlichkeit zu befassen, und auch heute noch werden Ihnen viele Mathematiklehrer sagen, dass die Unendlichkeit keine Zahl ist – dass sie nicht Gegenstand echter Mathematik ist.

Aber das ist das Geheimnis der echten Mathematik: Man kann alles untersuchen, solange man die Spielregeln rechtzeitig vorher festlegt. Man kann mit der Unendlichkeit arbeiten, wenn man sich darüber im Klaren ist, was das bedeutet, und bereit ist, einige möglicherweise bizarre Ergebnisse zu schlucken. In diesem Fall führt die von uns gewählte Regel, die definiert, was »das Gleiche« ist, dazu, dass Unendlichkeit plus Unendlichkeit gleich Unendlichkeit ist. Wenn Ihnen das nicht gefällt, verstehe ich das, und es steht Ihnen frei, zurückzugehen und eine andere Regel zu wählen, um die Frage noch einmal zu stellen. Ich werde bei unserer jetzigen Regel bleiben.

Unendlichkeit plus Unendlichkeit ist Unendlichkeit. Und der gleichen Logik folgend sind auch drei oder tausend Unendlichkeiten noch immer das Gleiche wie unsere gute alte Ursprungsunendlichkeit. Ist es vielleicht an der Zeit aufzugeben?

Gönnen wir uns noch einen Versuch. Unendlichkeit mal Unendlichkeit. Ist das Ergebnis größer als die Unendlichkeit?

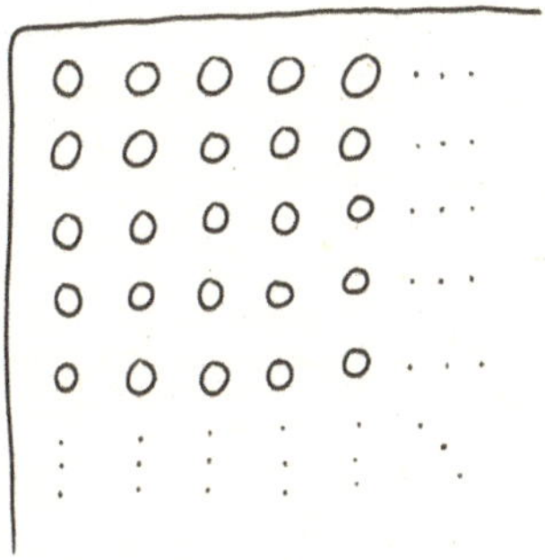

Können Sie das mit dem Inhalt eines einzelnen Unendlichkeitsbeutels paaren?

Ich komme diesmal direkt zur Sache: Das können Sie. Es ist noch immer dieselbe Größe. Hier eine wortlose Beweisführung.

Beweis

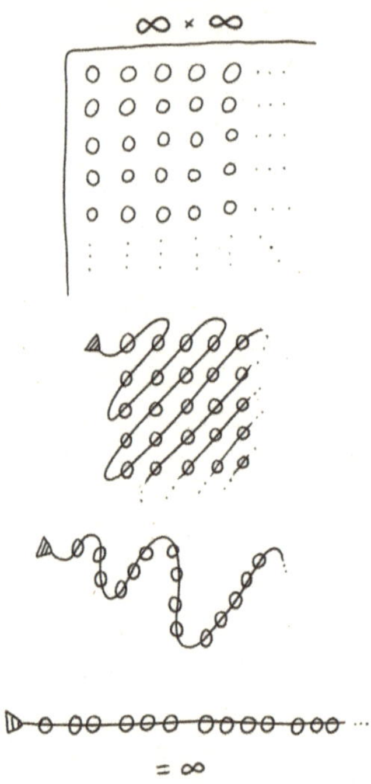

QED

Da haben Sie es also: Unendlichkeit mal Unendlichkeit ist gleich Unendlichkeit. Wir haben noch immer nichts Größeres gefunden. Und nun - wie versprochen - ist es an der Zeit, die große Frage feierlich zu beantworten:

Es gibt etwas, das größer ist als die Unendlichkeit.

Man nennt es Kontinuum.

Das Kontinuum

Das Kontinuum ist größer als die Unendlichkeit, so wie die Unendlichkeit größer als eins ist. Es ist unvorstellbar viel größer. Es ist eine eigene Kategorie von größer. Es ist so groß, dass die schnöde Unendlichkeit im Vergleich dazu gar nicht ins Gewicht fällt.

Das Kontinuum wird auch als »kontinuierliche Unendlichkeit« bezeichnet und üblicherweise nur als kleingeschriebenes *c* dargestellt. Ästhetisch gesehen kann man sich das Kontinuum als eine glatte, kontinuierliche Textur vorstellen, einem Band vergleichbar. Dies steht im Gegensatz zu der Unendlichkeit aus dem letzten Kapitel, die wir uns als einen Beutel voller einzelner Objekte vorgestellt haben. Jene Unendlichkeit wird »abzählbare Unendlichkeit« genannt, weil man jedes ihrer einzelnen Elemente aufzählen und in eine Reihenfolge bringen kann.

Das Kontinuum ist die Anzahl der Punkte auf einer Linie. Es spielt keine Rolle, ob die Linie endlich oder unendlich ist. Es kommt auf die Textur an, auf die Dichte der Punkte. Wir haben es hier mit einer üppigen, vollen, dichten Art von Unendlichkeit zu tun. Egal, wie weit man hineinzoomt, sie dünnt niemals aus – jeder noch so winzige Ausschnitt der Linie hat immer noch ein Kontinuum von Punkten.

Es ist hilfreich, das Kontinuum mit der guten alten abzählbaren Unendlichkeit zu vergleichen, um zu erkennen, wie viel größer es tatsächlich ist. Die abzählbare Unendlichkeit, das sind zum Beispiel die ganzen Zahlen: eine Reihe von Punkten, gleichmäßig verteilt auf einer unendlichen Linie. Aus solchen Punkten kann man ein Gitter mit zwei oder drei oder vier oder mehr Dimensionen machen, und trotzdem wird man nur eine Ansammlung einzelner Punkte haben. Selbst wenn man die Abstände zwischen den Punkten um den Faktor hundert oder eine Million verringert, sind die Punkte immer noch voneinander getrennt; und wenn man weit genug hineinzoomt, kann man einen bestimmten Punkt herausgreifen. *Das* ist eine abzählbare Unendlichkeit.

Das Kontinuum hingegen umfasst alle diese Punkte und auch alle Punkte, die dazwischen liegen. Alle Punkte. Es ist ein riesiges, glattes Meer von Punkten, die ineinander übergehen. Es ist nicht abzählbar.

Man kann es sich auch so vorstellen: Wenn man einen Dartpfeil auf die Zahlenreihe wirft, beträgt die Wahrscheinlichkeit, dass er haargenau auf einer ganzen Zahl landet, genau null. Es ist nicht eine sehr, sehr kleine Wahrscheinlichkeit – die Wahrscheinlichkeit ist gleich null. Es gibt unendlich viel mehr Zahlen, die zwischen den ganzen Zahlen liegen.

Dies ist eine wichtige Unterscheidung, die in der Mathematik und in der echten Welt häufig aufkommt: »diskret«** versus »kontinuierlich«. Hier sind einige geläufige Beispiele.

** In der Technik, der Physik und der Mathematik bedeutet *diskret*: durch endliche Intervalle oder Abstände voneinander getrennt.

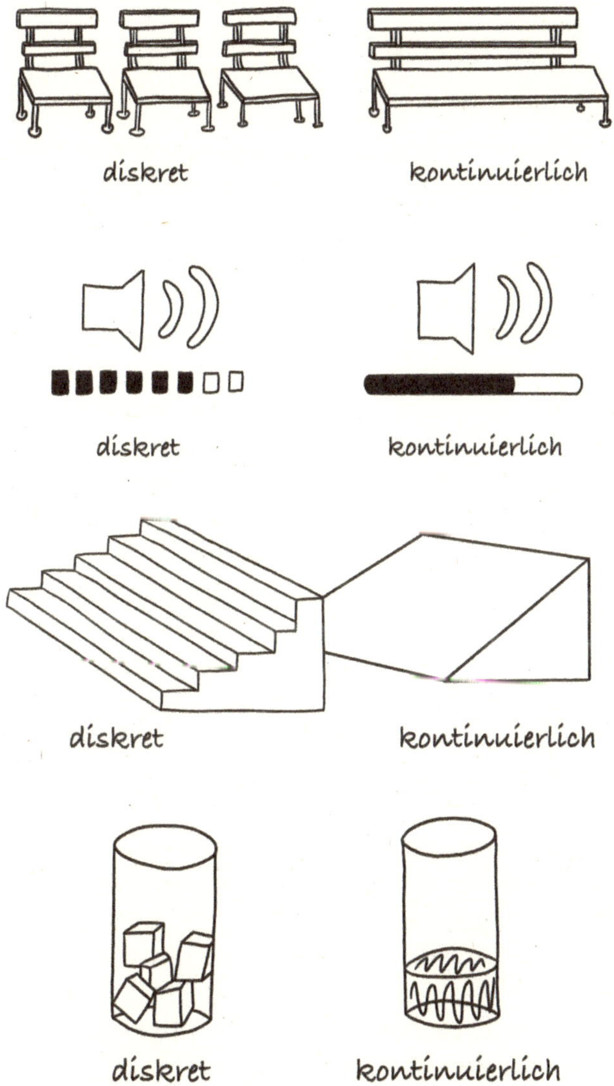

Jede diskrete Ansammlung von Dingen ist von entweder endlicher oder aber *abzählbarer* unendlicher Größe. In allen obigen Beispielen ist sie endlich, aber stellen Sie sich eine endlose Stuhlreihe vor. Das ist wie bei unserem Beutel aus dem vorigen Kapitel: separat, diskret, abzählbar. Würden Sie fragen: »Wie viele Sitzplätze gibt es?«, so wäre die Antwort: »Unendlich viele.« Eine *abzählbare* Unendlichkeit.

Bei einer Sitzbank ist die Antwort auf die Frage »Wie viele Plätze gibt es?« indes *c*, das Kontinuum - unabhängig davon, ob sie endlich lang ist oder sich unendlich lang erstreckt. Und tatsächlich gibt es für zwei beliebige Sitzplätze, egal, wie nahe sie beieinanderliegen, immer noch ein Kontinuum von Sitzplätzen dazwischen.

Ich habe gerade behauptet, dass *c* größer ist als unendlich, aber bewiesen haben wir es nicht. Im letzten Kapitel haben wir uns eine Reihe von Dingen überlegt, die größer als die Unendlichkeit zu sein schienen, es aber in Wirklichkeit nicht waren. Wie kann ich mir also so sicher sein, dass das Kontinuum wirklich größer ist? Wir müssten es beweisen, indem wir die Paar-und-Überbleibsel-Regel anwenden. Wir müssten zeigen, dass es keine Möglichkeit gibt, die Unendlichkeit und das Kontinuum einander zuzuordnen.

Das ist leider nicht ganz einfach. Einfach ist es, zu beweisen, dass etwas möglich ist: Man macht es einfach. Schwieriger ist, zu beweisen, dass etwas *nicht* möglich ist. Man kann nicht einfach ein paar verschiedene Herangehensweisen ausprobieren, um dann aufzugeben und zu sagen: »Sehen Sie? Es geht nicht.« Denn später könnte jemand mit einer sehr cleveren Methode daherkommen, die Dinge einander zuzuordnen, und das wäre ziemlich peinlich. Man muss schlüssig und unwiderlegbar beweisen, dass es keine Möglichkeit gibt, diese beiden unendlichen Größen einander zuzuordnen. Man muss beweisen, dass jeder dahingehende Versuch unweigerlich zum Scheitern verurteilt ist. Und das ist ein schwieriges Unterfangen.

Ich werde Ihnen einen Beweis zeigen, dass das Kontinuum größer als die Unendlichkeit ist, aber den spare ich mir für das Ende des Kapitels auf, weil er ein wenig lang ist und Sie vielleicht erst mal ungläubig und ratlos zurücklassen wird. Es ist ein schöner Beweis, weshalb ich ihn auch im Buch haben möchte, aber es ist definitiv der schwierigste Beweis, den ich hier anführen werde.

Um Sie in der Zwischenzeit bei der Stange zu halten, habe ich hier einen anderen hübschen Beweis, der auch mit unserem Thema zu tun hat. Ich hatte Ihnen ja gesagt, dass das Kontinuum dasselbe ist, egal, ob es sich um eine endliche oder eine unendliche Linie handelt. Hier ein Beweis:

Beweis

Nehmen Sie ein endliches und ein unendliches Kontinuum. Biegen Sie das endliche Kontinuum zu einem Halbkreis und zeichnen Sie ein X in die Mitte. Setzen Sie das unendliche Kontinuum in einer geraden Linie darunter.

Wir werden beide Kontinua einander wie folgt zuordnen: Nehmen Sie sich ein Lineal und verbinden Sie einen beliebigen Punkt des unendlichen Kontinuums mit dem X, das die Mitte des gebogenen endlichen Kontinuums markiert. Diese Verbindungslinie kreuzt das endliche Kontinuum an genau einem Punkt. Ordnen Sie diesen Schnittpunkt dem ursprünglichen Punkt auf dem unendlichen Kontinuum zu.

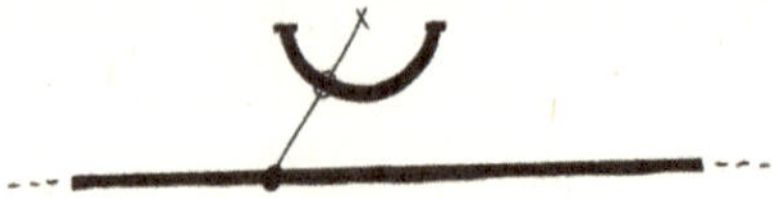

Jeder Punkt auf dem unendlichen Kontinuum lässt sich genau einem Punkt auf dem endlichen Kontinuum zuordnen – und umgekehrt. Es gibt auf beiden Seiten keine Überbleibsel, also sind die Kontinua gleich.*

QED

Jetzt fragen Sie sich vielleicht, ob ein so dichtes und reichhaltiges Objekt wie das Kontinuum in der realen Welt überhaupt existieren kann. Auf keinen Fall lässt ein Kontinuum sich auf einem Bildschirm abbilden, denn die Anzeige eines Bildschirms setzt sich aus Pixeln zusammen, und Pixel sind diskrete, separate Objekte. Und wenn unsere Welt aus winzigen Teilchen besteht, dann gibt es auch keine kontinuierliche Unendlichkeit von irgendetwas, außer vielleicht der Zeit.

Dennoch ist das Kontinuum gewissermaßen die Hauptdarstellerin des nützlichsten Bereichs der Mathematik jenseits der Grundrechenarten. Der größte Teil der modernen Wissenschaft und Wirtschaft basiert auf einem einzigen mathematischen Werkzeug, mit dem man ein Kontinuum von Zahlen addieren und eine endliche Antwort erhalten kann. Dieses Werkzeug heißt Integral, aber ich werde es Kontinuum-Summe nennen, denn genau das ist es.

Lassen Sie mich Ihnen eine ungefähre Vorstellung davon vermitteln, wie es funktioniert. Angenommen, Sie wollen die Länge eines kurvenreichen Weges messen, haben aber nur ein gerades Lineal zur Hand.

Sie könnten die Länge grob abschätzen, indem Sie den Weg in fast gerade Abschnitte unterteilen, jeden dieser Abschnitte messen und dann alle zusammenzählen. Das wäre zwar kein exaktes Ergebnis, aber es wäre ziemlich nahe dran.

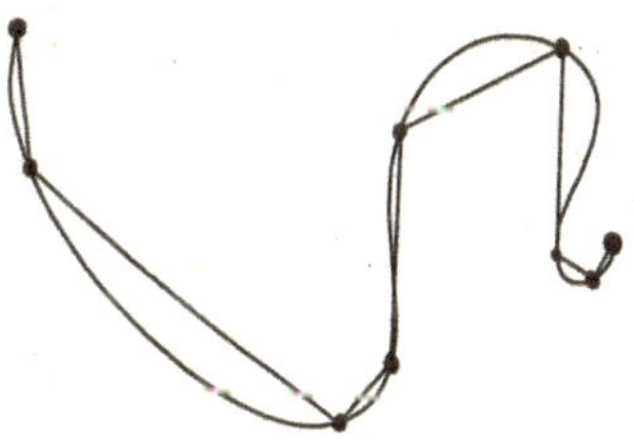

Wenn es eine genauere Antwort braucht, kann man die Kurve in noch viel kleinere Stücke zerschneiden, in hundert oder sogar tausend Abschnitte. Jedes einzelne Stück wird winzig klein sein, mit einer Länge von annähernd null, aber wenn man sie sorgfältig addiert und alle Nachkommastellen beibehält, dann erhält man ein Ergebnis, das der tatsächlichen Länge sehr nahekommt.

Für einen Mathematiker ist »sehr nahe« aber noch immer nicht gut genug. Wir müssen die *exakte* Länge wissen. Um diese zu ermitteln, tun wir etwas, das eigentlich nicht möglich sein sollte: Wir zerschneiden die Kurve in ein Kontinuum von Stücken, von unendlich kleinen Punkt-Stücken, und irgendwie, unter Verwendung des Kontinuum-Summensystems, addieren wir sie alle zusammen.

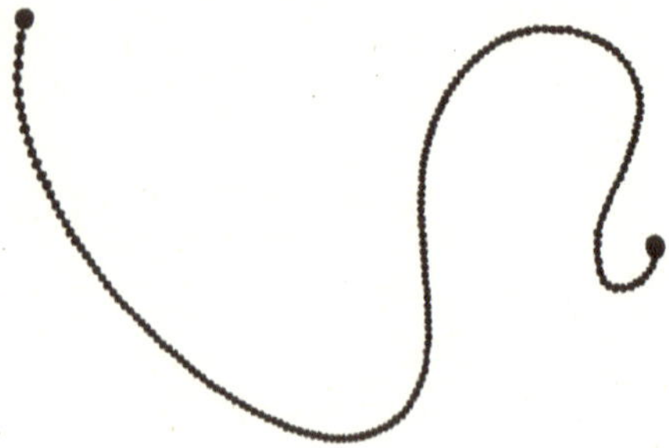

Ob Sie es glauben oder nicht, das ist tatsächlich ein zulässiges Verfahren, und wir können es wirklich anwenden, und es spuckt ein Ergebnis aus, das endlich ist. Nicht null oder Unendlichkeit, sondern eine genaue Längenangabe, deren Wert beispielsweise sechs oder Pi beträgt.

Es ist ein netter Trick, und wie die meisten mathematischen Werkzeuge ist dieses Vorgehen ausreichend allgemein und abstrakt, um es in vielerlei Kontexten anwenden zu können, die oberflächlich betrachtet nichts miteinander zu tun haben. Ich werde noch ein paar weitere Beispiele anführen, auch wenn es ein Ding der Unmöglichkeit ist, Ihnen zu vermitteln, wie vielseitig die Kontinuum-Summe tatsächlich ist. Sie ist überall.

Das nächste Beispiel ist dem ersten sehr ähnlich: Nehmen wir einmal an, Sie wollen die Fläche eines unförmigen flachen Gebildes berechnen – nehmen wir mal einen Teich. Es ist nicht schwer, die Fläche eines Rechtecks zu berechnen, aber das hier ist kein Rechteck. Man kann die Fläche schätzen, indem man sie in dünne Streifen teilt, von denen dann jeder einzelne ziemlich genau einem Rechteck entspricht.

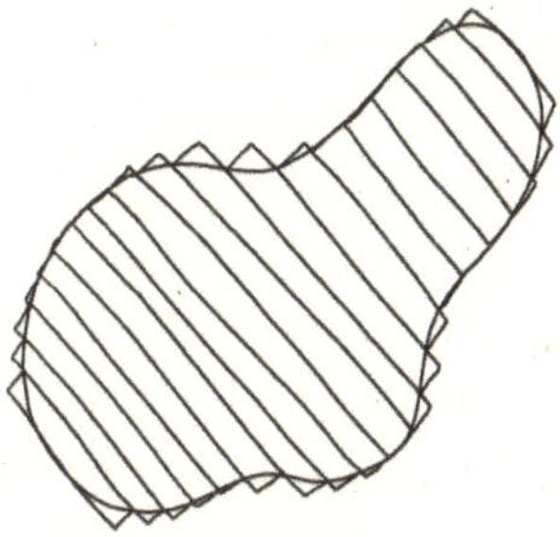

Wenn man aber die genaue Fläche wissen will, muss man sie in ein Kontinuum von dünnen Streifenstücken mit infinitesimal kleinen beziehungsweise unendlich klein werdenden Flächen aufteilen und diese dann alle zu einer Kontinuum-Summe addieren.

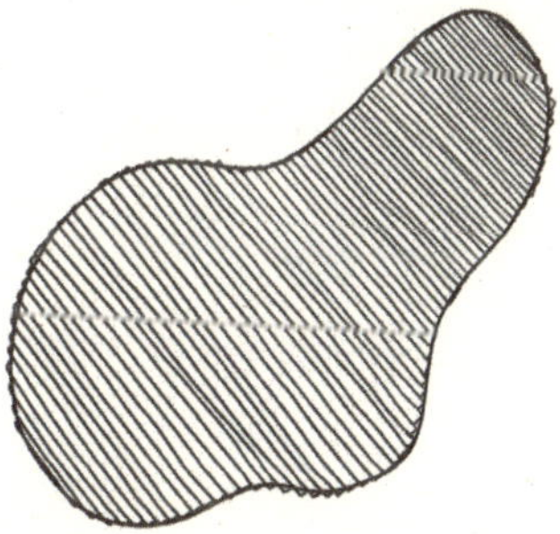

Die Kontinuum-Summe aus einer Reihe von Punkten ergibt eine Linie, und die Kontinuum-Summe aus einer Reihe von Linien ergibt eine Fläche.

Ich habe noch ein Beispiel, das anders aussieht, auch wenn hinter den Kulissen letztlich das Gleiche passiert. Stellen Sie sich vor, Sie machen eine einstündige Fahrt in einem Auto, das keinen Kilometerzähler hat, sondern nur einen Tacho, der die Geschwindigkeit anzeigt. Sie möchten ermitteln, wie weit Sie gefahren sind, und zwar auf Grundlage Ihrer Geschwindigkeit zu jedem beliebigen Zeitpunkt der Fahrt, denn diese Information steht Ihnen zur Verfügung. Ist es möglich? Wie würden Sie die Sache angehen?

Sie können eine (sehr) grobe Schätzung erhalten, wenn Sie einmal pro Stunde die Geschwindigkeit ablesen und davon ausgehen, dass der Wert Ihrer konstanten Geschwindigkeit für den Verlauf der ganzen Stunde gilt. Aber das ist keine sonderlich gute Schätzung. Was, wenn Sie langsam angefangen haben und im Laufe der Stunde immer schneller geworden sind? Denn vielleicht haben Sie den Tacho ja zu einem Zeitpunkt überprüft, der nicht repräsentativ für die gesamte Fahrt ist.

Sie können Ihre Gesamtstrecke besser einschätzen, wenn Sie die Stunde in kürzere Zeitabschnitte einteilen. Sie überprüfen den Tachometer einmal pro Zeitabschnitt. Nun können Sie in etwa abschätzen, wie weit Sie in diesem Zeitraum gefahren sind. Zählen Sie die einzelnen Strecken zusammen, und Sie wissen ungefähr, wie weit Sie innerhalb einer Stunde gekommen sind.

Die Schätzung wird immer besser, je kleiner die Abschnitte sind, in die Sie die Stunde einteilen. Logisch, denn bei Abschnitten von je einer Sekunde ist die Geschwindigkeit während jeder einzelnen Sekunde wahrscheinlich nahezu konstant.

Sehen Sie, wie sehr dieses Beispiel unseren Beispielen für Kurven und unförmige Gebilde ähnelt? Sie können eine genaue Antwort erhalten, wenn Sie die Stunde in ein Kontinuum von Zeitpunkten zerlegen und sämtliche ermittelten Geschwindigkeiten zu einer Kontinuum-Summe addieren. Ein Kontinuum-Summenwert von Punkten ist eine Linie, ein Kontinuum-Summenwert von Linien ist eine Fläche, und ein Kontinuum-Summenwert von Geschwindigkeiten ist eine Entfernung.

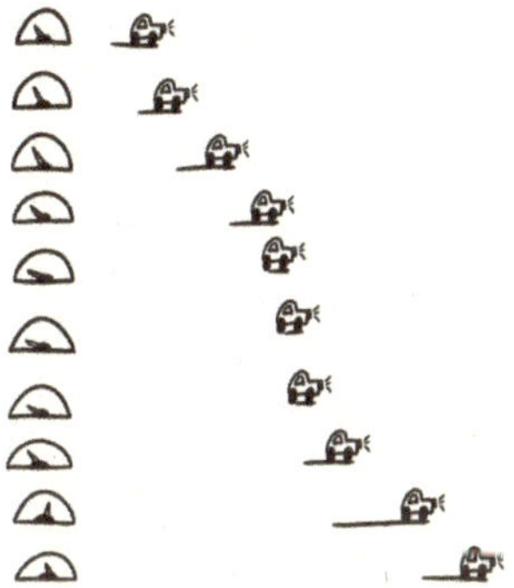

Dieselbe Strategie lässt sich nicht nur zur Berechnung einer Entfernung anhand von Geschwindigkeiten anwenden, sondern auch zur Berechnung einer beliebigen Gesamtmenge, wenn man lediglich deren Änderungsrate kennt. Wenn Sie die *Gesamt*abnahme der Waldfläche ermitteln wollen und nur die Abholzungsrate kennen, können Sie sich mittels eines Kontinuum-Summensystems behelfen.

Ist die Abholzungsrate (in Bäumen pro Tag) über die Zeit konstant, müssen Sie natürlich nicht so viel Aufwand betreiben. Sie können einfach die Rate mit der Anzahl der Tage multiplizieren, um die Gesamtsumme zu erhalten. Selbst wenn die Abholzungsrate sich ändert, Sie aber die Tag-für-Tag-Informationen darüber haben, wie viele Bäume jeweils abgeholzt wurden, dann können Sie einfach diese Werte addieren, um so die Gesamtzahl zu erhalten. Nur wenn die Rate sich *kontinuierlich* ändert – von Sekundenbruchteil zu Sekundenbruchteil –, braucht man das Kontinuum-Summensystem.

Deshalb ist die Kontinuum-Summe in Bereichen wie Physik und Ingenieurwesen besonders nützlich, weil man dort mit allen möglichen sich ständig ändernden Größen arbeitet: Temperaturen, Wasserströme, Kraftstoffmengen, Geschwindigkeiten, elektrische Ströme und so weiter. Aber sie ist ein so praktisches Werkzeug, dass die Menschen sogar Wege gefunden haben, sie für diskrete Größen anzuwenden, wie zum Beispiel für Bankkonten, deren Bewegungen in diskreten Ein-Cent-Schritten gemessen werden, oder aber auch für Tierpopulationen, die in diskreten Ein-Tier-Schritten erfasst werden. Wenn Sie mit Werten wie »Vermögen« oder »Population« umgehen, als wären diese eine kontinuierliche Größe, dann können Sie dieselben Vorhersagetechniken anwenden, die auch Physiker und Ingenieure verwenden. Sie dürfen nur nicht vergessen, am Ende auf eine ganze Zahl zu runden.

Und da Sie so geduldig abgewartet haben, folgt hier nun ein Beweis dafür, dass das Kontinuum tatsächlich größer ist als die Unendlichkeit.

Beweis

Wir werden beweisen, dass jeder Versuch, das Kontinuum der diskreten Unendlichkeit zuzuordnen, fehlschlagen wird, da es aufseiten des Kontinuums Überbleibsel gibt. Mit anderen Worten: Wir werden beweisen, dass die Punkte des Kontinuums nicht als eine Liste dargestellt werden können, auch nicht in Form einer unendlichen Liste.

Wir werden ein Kontinuum endlicher Länge verwenden, da die Größe – Sie erinnern sich – keine Rolle spielt. Geben wir jedem Punkt einen Namen. Der Name jedes Punktes ist eine Adresse, die Ihnen verrät, wo Sie diesen finden können. Der erste Buchstabe gibt an, ob sich der Punkt auf der linken oder rechten Hälfte befindet: ***L*** beziehungsweise ***R***. Der zweite Buchstabe gibt an, ob er sich auf der linken oder rechten Hälfte *dieser Hälfte* befindet. Und so weiter, wobei jedes ***L*** und ***R*** uns näher an den Punkt heranführt.

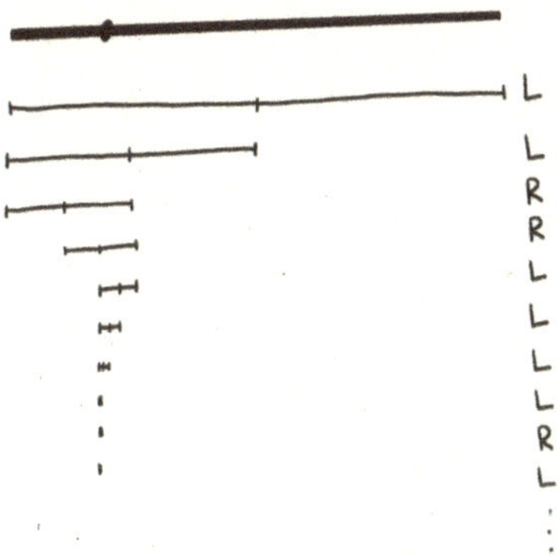

Eine endliche Kette von ***L***s und ***R***s grenzt lediglich einen kontinuierlichen Bereich des Streifens ein. Mit einer unendlich langen ***LR***-Adresse lässt sich jedoch ein genauer Punkt bestimmen. Jeder Punkt hat eine eindeutige ***LR***-Adresse, und jede ***LR***-Adresse bezieht sich auf einen eindeutigen Punkt.*

Wir wollen zeigen, dass man nicht jede ***LR***-Adresse in eine Liste packen kann, auch nicht, wenn es sich um eine unendliche Liste handelt. Stellen Sie sich vor, Ihr Rivale kommt mit einer unendlichen Liste daher und behauptet, dass jede ***LR***-Adresse darauf enthalten ist. Wir glauben, dass er sich irrt. Allerdings müssen wir es beweisen.

Egal, welche Liste man uns reichen wird, es muss uns gelingen, einen Punkt (also eine ***LR***-Adresse) zu finden, der nicht darauf enthalten ist.

Wir gehen folgendermaßen vor: Beginnen Sie am Anfang der Liste. Was auch immer der *erste* Buchstabe der *ersten* Adresse ist, schreiben Sie das Gegenteil auf. Dann schreiben Sie, was auch immer der *zweite* Buchstabe der *zweiten* Adresse ist, dessen Gegenteil auf. Fahren Sie auf diese Weise fort, immer die unendliche Diagonale entlang.

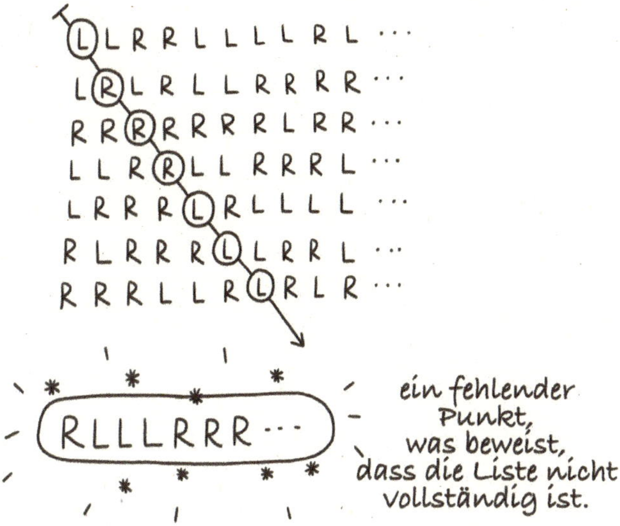

Sie haben nun eine vollständige ***LR***-Adresse aufgeschrieben. Wir behaupten, dass diese ***LR***-Adresse in der Liste Ihres Rivalen fehlt. Und woher wissen wir das? Nun, es kann nicht die erste Adresse auf der Liste sein, da (mindestens!) der erste Buchstabe ein anderer ist als der erste Buchstabe Ihrer neuen Adresse. Es kann auch nicht die zweite Adresse auf der Liste sein, da hier die zweiten Buchstaben nicht übereinstimmen. Es ist nicht die milliardste Adresse auf der Liste, da der milliardste Buchstabe nicht stimmt.

Ihre Adresse kann auf der Liste Ihres Rivalen nirgendwo enthalten sein.

Es spielt keine Rolle, welche Liste Ihr Konkurrent uns vorlegt – wir können diese Technik jedes Mal anwenden, um einen fehlenden Punkt zu finden. Selbst wenn

> man unsere fehlende Adresse nimmt und sie an den Anfang der Liste setzt, können wir das Prozedere einfach wiederholen, um eine neue, nicht gelistete **LR**-Adresse zu finden.
>
> Das bedeutet, dass es unmöglich ist, alle Punkte des Kontinuums auf eine Liste zu setzen, selbst wenn diese Liste unendlich ist. Die Anzahl der Punkte auf einer Linie (selbst einer endlichen Linie) muss also tatsächlich höher als unendlich sein.

QED

Diesen Beweis finde ich interessant, weil er sich ein wenig umständlich und rückständig anfühlt. Jeder der einzelnen Schritte überzeugt mich: Ich verstehe, wie wir von Punkten zu Adressen kommen, und ich verstehe, wie der Diagonaltrick funktioniert. Und wenn man das logische Argument zu Ende denkt, dann hat man irgendwie etwas Bemerkenswertes über die Unendlichkeit bewiesen. Einfach nur, indem man über ***L***s und ***R***s gesprochen hat.

Wenn Sie diesen Beweis akzeptieren, dann gibt es also wirklich etwas Größeres als die Unendlichkeit. Dann gibt es nicht nur endlich und unendlich, sondern es gibt auch noch eine weitere Ebene darüber. Was *dermaßen* viele Fragen aufwirft. Gibt es etwas zwischen der Unendlichkeit und dem Kontinuum oder ist das Kontinuum das »nächstgrößere« Ding? Gibt es etwas Größeres als das Kontinuum? Wie viele verschiedene unendliche Größen gibt es? Gibt es eine endliche Menge von unendlichen Mengen von Unendlichkeiten? Und wenn es unendlich ist ... auf welche Art?

Auf einige dieser Fragen gibt es Antworten, auf andere nicht. Die erste Frage (ob es etwas zwischen der Unendlichkeit und dem Kontinuum gibt) hat sich als die seltsamste von allen erwiesen. Es wirkt ja nun wirklich wie eine Ja-oder-Nein-Frage - entweder gibt es etwas dazwischen oder eben nicht. Aber jemandem ist es gelungen, die Antwort zu finden und zu beweisen, und sie lautet weder Ja noch Nein.

Eine kaum bekannte Tatsache: Es gibt einen dritten, avantgardistischeren Zustand zwischen wahr und falsch. Aber noch kann ich Ihnen davon nicht berichten.

Abbildungen

Offen gestanden: Der Inhalt der letzten beiden Kapitel lässt sich größtenteils nicht als Analysis im eigentlichen Sinne bezeichnen. Es ist eher ein Vorspiel zur Analysis. In der echten Analysis wird mit der Unendlichkeit und dem Kontinuum so umgegangen wie im Journalismus mit Vokalen und Konsonanten: Sie sind da, und man muss wissen, was sie sind und wie sie funktionieren, aber das ist nicht wirklich der Fokus der Arbeit. Bei der Analysis geht es vor allem um *Maps*, die sich im mathematischen Sinne am besten als *Abbildungen* verstehen lassen.

Eine Map, im üblich-alltäglichen Sinne des Wortes in der englischsprachigen Welt, ist eine Darstellung, auf der Punkte oder Symbole als Entsprechung von realen Orten und Dingen abgelesen werden. Es handelt sich nicht einfach nur um Markierungen auf einem Blatt Papier; es werden Städte, U-Bahn-Stationen oder Notausgänge gezeigt. Was eine Abbildung dieser Art zu einer Stadt- oder Landkarte macht (und nicht nur zu einer Zeichnung), ist ebendiese Entsprechung.

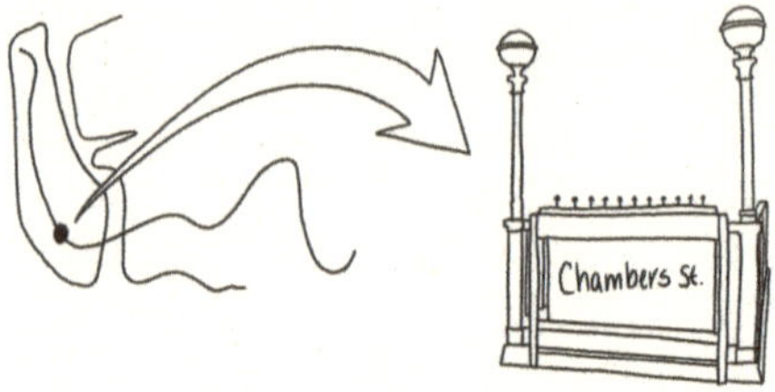

Darüber hinaus bieten solche Abbildungen – egal, wie man sie im Alltag nennt – eine Menge Spielraum. Die Form der Abbildung muss nicht die tatsächliche physische Form dessen widerspiegeln, was abgebildet wird, solange die Entsprechung gegeben ist.

Die Punkte oder Symbole müssen nicht einmal physischen Objekten oder Orten entsprechen. Sie können Zeiten, Ereignisse, Preise und so ziemlich alles andere darstellen. Verstehen wir Map oder »Abbildung« im mathematischen Sinne des Wortes, dann geht es nur darum, dass es eine Entsprechung gibt.

Auf den meisten Alltagsformaten von Karten oder Abbildungen jeder Art ist die Bedeutung jedes Objekts direkt auf dem Bild vermerkt. Wenn ein Punkt für Buenos Aires steht, dann schreibt man »Buenos Aires« daneben, damit jeder weiß, was gemeint ist. Bei komplizierteren Abbildungen ist das nicht immer so einfach: Wenn man versucht, Hunderten oder Tausenden von Punkten eine Bedeutung zuzuweisen, wird es schnell unübersichtlich. Beschriftungen werden hier nicht weiterhelfen.

Wenn Sie eine unendliche oder sogar kontinuierliche Menge an Informationen darstellen wollen, gibt es besser funktionierende Möglichkeiten, diese auf Maps abzubilden. Eine Heat Map zum Beispiel. Schauen Sie sich einen Tisch, eine Wand oder eine andere flache Oberfläche an. Jeder einzelne Punkt auf dieser Fläche hat eine bestimmte Temperatur. Sie schwankt von Punkt zu Punkt geringfügig, aber wenn man ein sehr empfindliches Thermometer an einen beliebigen Punkt auf der Oberfläche hält, erhält man einen exakten numerischen Wert.

Wie müsste man es anstellen, diese Temperaturinformationen zu vermitteln? Es wäre unpraktisch, jeden Punkt zu beschriften – wir haben es hier mit einem Kontinuum von Punkten zu tun. Wir müssen uns also etwas einfallen lassen.

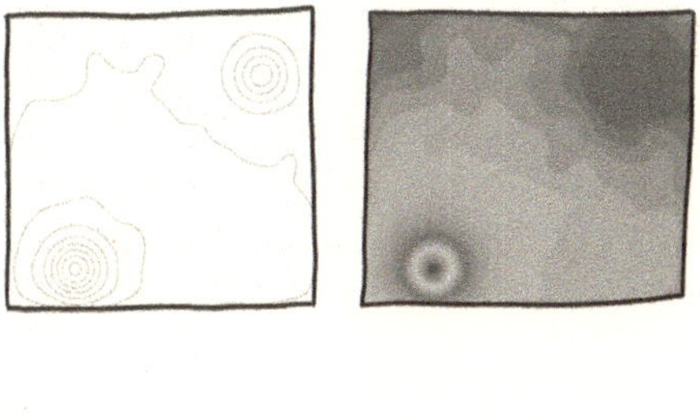

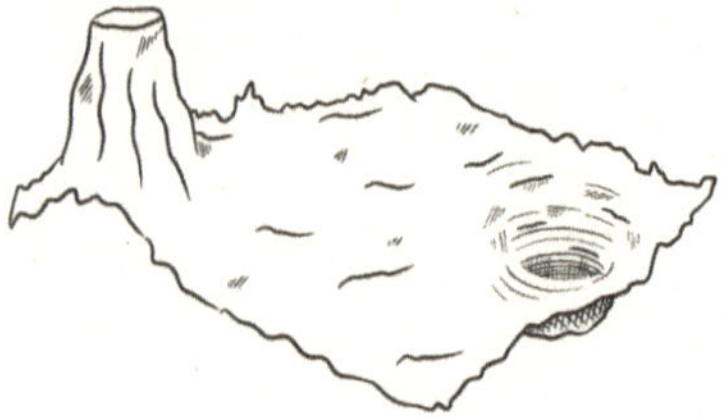

Auf einer herkömmlichen Karte können wir farblich so kodieren, dass wärmere Punkte hellere Farben erhalten. Wir können Konturlinien zeichnen, die das Gebiet in Regionen mit ungefähr gleicher Temperatur aufteilen. Oder wir können eine Temperaturdimension hinzufügen: Heißere Punkte sind höher, und kältere Punkte sind niedriger.

Welche Version Sie auch immer bevorzugen, diese Abbildungen zeigen alle dieselben grundlegenden Informationen. Sie sehen vor sich eine Entsprechung von Orten und Temperaturen. Jedem Punkt auf der Tischfläche ist ein Wert zugeordnet. Mathematiker schreiben das wie folgt aus:

Abbildung: {Punkte auf Tischfläche} → {Temperaturen}

Diese drei Typen von Abbildungen können auch in anderen Situationen Verwendung finden. Eine gute Wanderkarte muss zeigen, wie sich die Höhenlage einer Region verändert. Das ist genau wie bei der Heat Map: Jeder Punkt auf der Karte entspricht einem numerischen Wert. Wir können also die Höhenangaben farblich kodieren, wir können Höhenlinien zeichnen, oder wir können eine dritte Dimension hinzufügen. (Hier erfährt die dreidimensionale Landkarte eine wörtliche, physikalische Interpretation.)

Topografische Karten wie die abgebildeten arbeiten in der Regel mit Höhenlinien – jede Höhenlinie ist mit einer Beschriftung versehen, die ihre Erhebung über dem Meeresspiegel angibt. Doch alle drei Versionen sind eine Illustration derselben zugrunde liegenden Daten.

Abbildung: {Punkte in der Region} → {Höhenlagen}

Es hat einen Grund, dass wir für Heat Maps und topografische Karten die gleiche Art von Abbildung verwenden können. In beiden Fällen wird von einer zweidimensionalen Fläche auf eine lineare Skala kartiert beziehungsweise abgebildet. Alles, was diese Grundstruktur hat, funktioniert auf die gleiche Weise. Sie können die lineare Skala auf jede dieser drei Arten visuell darstellen – direkt auf der Oberfläche.

Jeder Wert, der über eine Region hinweg variiert, lässt sich auf diese Weise abbilden: jährlicher Niederschlag, Tiefe eines Gewässers, Konzentration eines Schadstoffs, Bevölkerungsdichte et cetera. (Eine dreidimensionale Abbildung der Bevölkerungsdichte einer Stadt würde deren tatsächlicher Skyline übrigens sehr ähnlich sehen.) In all diesen Fällen interessiert unsere Datenerfassung sich für eine Entsprechung zwischen Punkten in einem zweidimensionalen Raum und Punkten auf einem eindimensionalen Kontinuum. Die allgemeine Datenstruktur sieht wie folgt aus:

Abbildung: Fläche → Linie

Aber viele Dinge, die man abbilden möchte, können nicht diesem Muster folgend dargestellt werden, was bedeutet, dass die genannten Abbildungstypen nicht geeignet sind. Nicht alles passt auf einen linearen Gradienten, so wie es bei Temperatur und Höhe der Fall ist.

Wind zum Beispiel. Meteorologen müssen den Wind irgendwie abbilden, aber »der Wind« an einem bestimmten Ort und zu einer bestimmten Zeit ist nicht einfach nur eine Quantität, die sich farblich kodieren ließe. Wind hat eine Geschwindigkeit, durchaus, aber er hat auch eine Richtung. Eine intuitive Darstellungsart dieser Information sind Pfeile, wobei die Länge des Pfeils die Stärke des Windes angibt.

Dabei handelt es sich um eine Vektorabbildung. Jeder Punkt im Raum entspricht einer Richtung und Stärke. Vektorabbildungen eignen sich perfekt für jede Situation, in der eine Substanz fließt, wie beispielsweise die Luft, die fließt und dadurch Wind erzeugt. Die Pfeile zeigen Richtung und Geschwindigkeit der Strömung am jeweiligen Punkt an.

Wenn Sie das nächste Mal eine Tasse Tee umrühren, beachten Sie die Strömung der Flüssigkeit und versuchen Sie, sich die Vektorabbildung vorzustellen, die Sie auf der Oberfläche erzeugen.

Wir sind (im wahrsten Sinne des Wortes) von fließenden Substanzen umgeben: Die Luft um uns herum ist ständig in Bewegung, Winde stoßen und winden sich. Normalerweise ist diese Luft für das menschliche Auge unsichtbar, aber wenn Sie bei kaltem Wetter ausatmen, wenn Sie rauchen, Seifenblasen blasen oder Löwenzahn pusten, dann können Sie quasi einen kurzen Blick auf die Vektorabbildung werfen, die Ihr Atem erzeugt.

Dabei handelt es sich um eine dreidimensionale Strömung, bei der jeder Punkt in einem dreidimensionalen Raum einer Geschwindigkeit und einer Richtung entspricht.

Man kann auch Strömungen von Dingen mathematisch abbilden, die keine materiellen Stoffe sind – wie eben Luft oder Tee. Wärmeströmungen sind etwas, das Ingenieuren oft zu schaffen macht, und sie analysieren diese mithilfe von dreidimensionalen Vektorabbildungen.

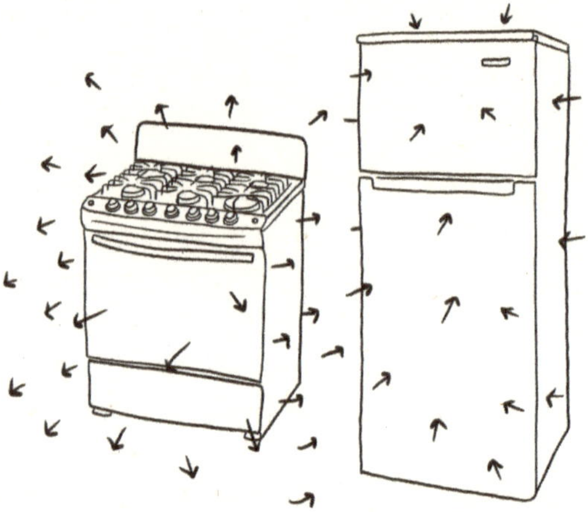

Vektorabbildungen können sogar zur Analyse von Bevölkerungs- und Ressourcenströmen auf der ganzen Welt eingesetzt werden.

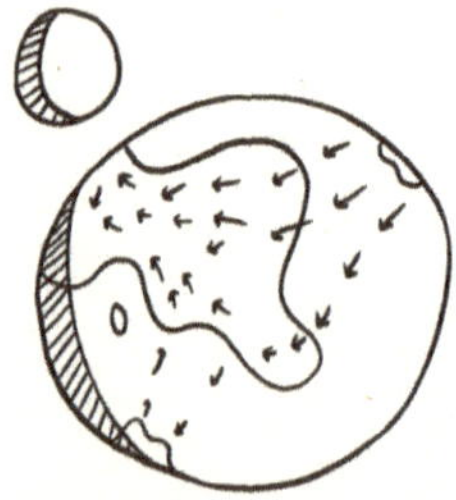

Dabei würde man Fließbewegungen auf einer kugelförmigen Oberfläche darstellen, und jedem Punkt auf der Kugel wird ein Vektorwert zugewiesen. Sie können auf jeder beliebigen Mannigfaltigkeit Abbildungen erstellen.

Fachleute im Bereich der Analysis sind häufig auf eine bestimmte Art von Abbildungen spezialisiert. Die »reale Analysis« befasst sich mit linearen Größen wie Temperatur und Höhe, während die »komplexe Analysis« sich mit Vektorabbildungen beschäftigt. Spezialisten in jedem Lager kennen die Besonderheiten ihres Bereichs: wie sich die Abbildungen verhalten, welche Gemeinsamkeiten sie haben, welche Muster und Phänomene auftreten. Wenn solche Abbildungen dann in der realen Welt auftauchen, gibt es eine Reihe von Tricks und Techniken, die zum Einsatz kommen können.

So ist das, wenn man sich mit Analysis oder sonstigen Arten abstrakter Mathematik befasst. Man kann das allgemeine Konzept des »Flusses« untersuchen, ohne sich auf eine bestimmte fließende Substanz festlegen zu müssen. Wenn man Glück hat, entdeckt man ein paar allgemeingültige Wahrheiten über Vektorabbildungen, die immer zutreffen, egal, ob es sich um Luft, Tee, Wärme oder schlicht um eine abstrakte Strömung auf einem Blatt Papier handelt.

Und was die allgemeingültigen Wahrheiten zum Thema Abbildungen anbelangt, im mathematischen Sinne des Wortes: Jede fließende Substanz in einem festen Behälter* hat einen Fixpunkt, was bedeutet, sie hat einen Punkt, der sich überhaupt nicht fortbewegt. Wenn Sie also den Tee in Ihrer Tasse umrühren, lässt sich auf der Oberfläche der Flüssigkeit immer ein Punkt finden, der sich nicht bewegt – ein Punkt, an dem ein Teeblatt einfach an Ort und Stelle verweilt und sich dreht, während um es herum alles in Bewegung ist. Und in jedem Raum, in dem Sie sich befinden – egal, wie viele Ventilatoren dort laufen mögen –, gibt es einen Punkt, an dem die Luft stillsteht, an dem ein Staubkorn an Ort und Stelle schweben würde, ohne sich fortzubewegen. (Vorausgesetzt, die Fenster sind geschlossen.)

Man bezeichnet diesen Umstand als »Fixpunkttheorem«, und es hat sich in allen Dimensionen als wahr erwiesen. Es gilt für eine Flüssigkeit, die in einer zweidimensionalen Schale umherwirbelt, und es gilt für ein Gas, das in einer dreidimensionalen Flasche umherwirbelt. Würden wir in einer Welt leben, in der wir zwölfdimensionale Flaschen bauen und sie kräftig durchschütteln könnten, dann würde unser Theorem auch gelten.

Eine weitere, damit zusammenhängende Wahrheit: Es ist unmöglich, einen haarigen Ball völlig flach zu kämmen. Egal, welchen Punkt auf einer Kugel man nimmt, um davon ausgehend eine Richtung zu wählen, in die das Haar flach gekämmt werden soll, man wird unweigerlich mindestens einen Punkt der Diskontinuität erhalten – Singularität oder auch Pol genannt –, an dem sich dann ein Wirbel, ein Scheitel oder eine kahle Stelle befindet.

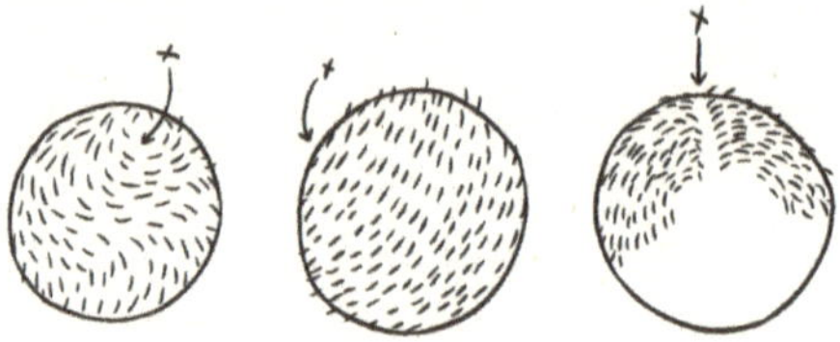

Diese Wahrheit lässt sich aber nicht nur auf Haare anwenden, sondern gilt immer dann, wenn man versucht, jedem Punkt auf einer Kugel eine Richtung zuzuordnen. Auf der Erdoberfläche gibt es immer mindestens einen Ort, an dem der Wind in keine Richtung weht. In den Ozeanen finden wir Singularitäten, wo die Strömung in keine Richtung fließt, wo sich Müll ansammelt und sich drehende Inseln bildet. Selbst ein stürmischer Planet wie Jupiter muss mindestens ein »Sturmauge« haben, in dem die Strömungsrichtung undefiniert ist. Dabei handelt es sich nicht um ein beobachtetes Muster oder einen Zufall der Natur – es ist eine logische Notwendigkeit, die sogar auf Planeten gilt, die wir in Milliarden von Jahren nicht erreichen könnten. Aber sie gilt nur für Kugeln: Ein haariger Torus lässt sich wunderbar glatt kämmen.

Abbildungen, in diesem weiten mathematischen Sinne, sind ein unglaublich vielseitiges Werkzeug. Sie werden verwendet, um Projektionen (wie Schatten und Weltkarten), Transformationen (wie Rotationen und Spiegelungen), im Zeitverlauf sich ändernde Größen, geometrische Kurven, Zustände physikalischer Systeme und noch vieles mehr zu analysieren. Die Funktionen, die Sie in der Schule aufgezeichnet haben, sind eine Art Abbildung in diesem Sinne gewesen. Das »Dehnen und Stauchen« der Topologie wird als eine Art der Abbildung von einer Form auf eine andere verstanden. Sogar die Zuordnungen aus den beiden vorangegangenen Kapiteln werden als »diskrete Abbildungen« untersucht, bei denen die Objekte einer Menge auf die Objekte einer anderen »abgebildet« werden. In so ziemlich jeder Situation, in der eine Sache einer anderen Sache entspricht, verwenden Mathematiker eine Map, eine Abbildung.

Denn wenn man die Dinge auf diese abstrakte Weise betrachtet und die Besonderheiten einer Situation unter den Teppich kehrt, um sich auf grundlegende Dynamiken zu konzentrieren, dann wird einem klar, dass es nur eine begrenzte Anzahl verschiedener Muster und Strukturen gibt. Diese Muster und Strukturen werden als mathematische Objekte bezeichnet, und das Nachdenken über sie nennt man Mathematik.

Nicht machbar

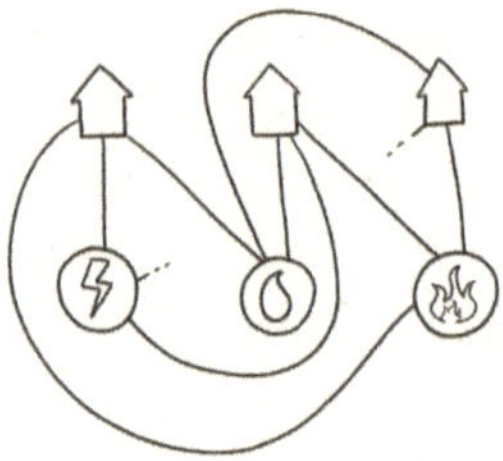

Sie können drei Häuser nicht mit jeweils drei Versorgungswerken verbinden, ohne dass die Verbindungslinien sich irgendwo überschneiden.

Ein Schachbrett, bei dem zwei gegenüberliegende Eckfelder fehlen, können Sie nicht mit Dominosteinen kacheln.

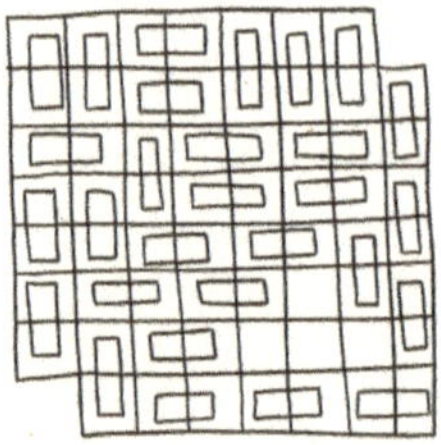

Sie können nicht alle sieben Brücken des alten Königsberg überqueren, ohne mindestens eine davon zweimal zu überqueren.

(Aber ich wette,
Sie werden es trotzdem versuchen.)

Der Satz des Pythagoras

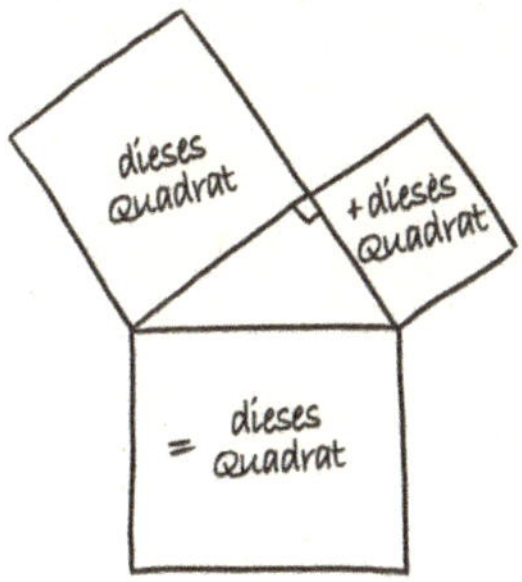

Beweis

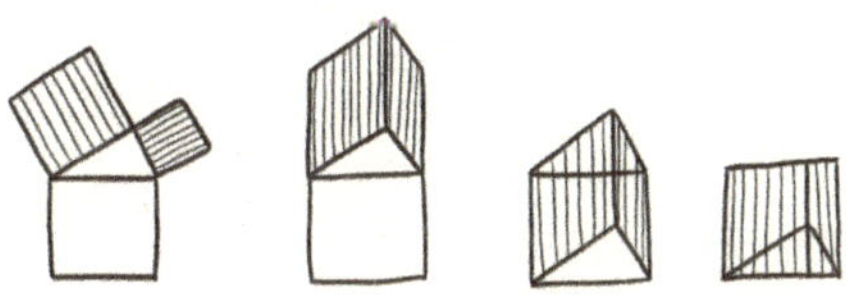

QED

So füllen Sie das Raster auf der nächsten Seite aus

- Drehen Sie das Buch auf die Seite, sodass der Pfeil links ist
- Gehen Sie in die Reihe, auf die der Pfeil verweist; schauen Sie sich für jedes Feld die drei darüber liegenden Felder an
- Für jedes Quadrat die drei Quadrate oben im Auge behalten

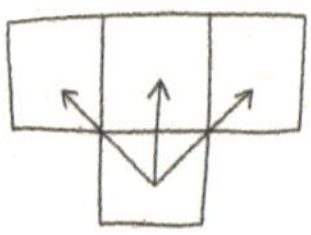

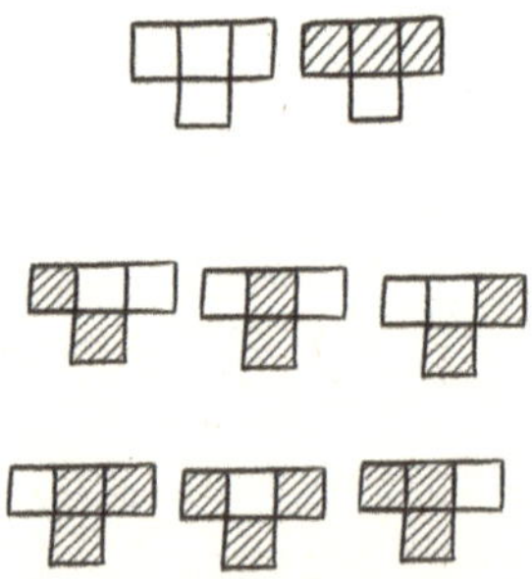

Wenn alle gefüllt oder alle leer sind, dann lassen Sie auch das untere Feld leer

Trifft dies nicht zu, so malen Sie das Feld aus

- Wiederholen Sie das für die nächste und alle darauffolgenden Reihen

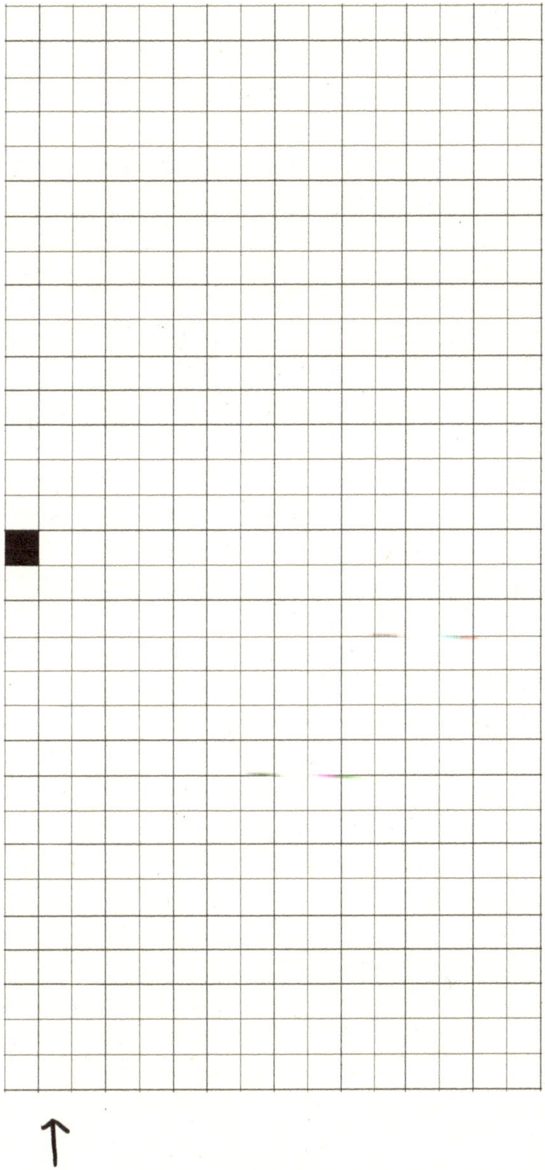

Algebra

Abstraktion

Strukturen

Schlussfolgerung

Abstraktion

Fangen wir ganz vorne an. In der Mathematik geht es um rein abstrakte Objekte im leeren Raum, und Algebra ist der reinste, abstrakteste Fachbereich von allen. Wir reden hier nicht über Algebra, wie man sie in der Schule lernt – Hardcore-Mathematiker sprechen da von »Schulalgebra« oder »elementarer Algebra«, und zwar in einem abwertenden Sinne. Das, worüber ich Ihnen in diesem Kapitel berichten möchte, wird »abstrakte Algebra« genannt. Sie ist so abstrakt, dass es dabei nicht einmal um eine bestimmte Art von Objekt geht. Es geht um das bloße Konzept von Objekten und die Beziehungen zwischen Objekten.

»Universelle Algebra« ist ein anderer Begriff dafür. Wenn man etwas universalisiert, also verallgemeinert, bedeutet das, dass man es weniger spezifisch macht. Nehmen wir an, Sie haben ein mathematisches Problem, das die Zahl Vier enthält. Vier ist eine bestimmte Zahl. Wenn man die Aufgabe verallgemeinern wollte, würde man vier durch **x** ersetzen – ein Platzhalter für jede beliebige Zahl. Jetzt können Sie die Aufgabe nicht mehr auf herkömmliche Weise lösen, Sie erhalten also keine numerische Lösung. Aber Sie können verschiedene Werte für **x** eingeben und schauen, ob die Antworten, die Sie erhalten, ein Muster aufweisen. Normalerweise ist das der Fall. Dieses Muster ist die Lösung zum verallgemeinerten mathematischen Problem. Es ist eine Lösung, die *im Allgemeinen* funktioniert.

Die abstrakte Algebra führt dieses Konzept auf die nächste Ebene: Sie versucht, eine allgemeinere Version der Algebra selbst zu finden. Anstelle von Addition oder Multiplikation verwenden wir das Symbol • als Platzhalter für jede beliebige Operation. Wir wenden verschiedene mathematische Operationen an – nicht nur die klassischen vier, sondern auch bizarre, nie zuvor verwendete Operationen – und suchen nach übergeordneten Mustern. Und dann wird es noch schlimmer: Wir abstrahieren auch das Konzept der Zahl, was bedeutet, dass wir nun unbekannte Objekte mittels unbekannter Operationen bearbeiten.

Es ist schwierig, über diese Art von Algebra auch nur zu sprechen, weil es nichts Konkretes gibt, über das man sprechen könnte. Es gibt Prozedere, die Algebraiker durchführen, systematische Vorgehensweisen, mit denen sie Symbole auf dem Papier hin und her bewegen, um so Aussagen in andere Aussagen zu verwandeln. Aber keine dieser Aussagen *bedeutet* wirklich etwas, oder zumindest meint sie nichts Bestimmtes. Jedes Symbol ist nur ein allgemeiner Platzhalter für eine unendliche Anzahl möglicher Ersetzungen. In gewissem Sinne bedeutet jede Aussage also eine Million verschiedener Dinge auf einmal.

Das ist ein verwirrendes Gefühl. Es gibt keinen festen Boden, auf dem man stehen würde, keinen klaren Bezugspunkt zur Realität oder auch nur zu dem, was die meisten Menschen für gewöhnlich als Mathematik betrachten. Man kann stundenlang auf die Seiten eines Algebra-Lehrbuchs starren, hin und her blätternd, in dem Versuch, sich ins Gedächtnis zu rufen, was sich da überhaupt worauf beziehen könnte. Und wenn es bei einem Beweis oder einem Beispiel endlich klick macht, hat man zumeist kein bestimmtes Muster erkannt, sondern eher die Ahnung eines Musters. »Irgendetwas ist hier passiert, und dann ist dort etwas Symmetrisches passiert, aber es wurde umgekehrt.« Es gibt klar erkennbare Beziehungen und Strukturen, aber keine tatsächlichen Objekte.

Um über diese Art von Algebra nachzudenken, müssen Sie in die richtige Denkweise hineinfinden. Vergessen Sie die Dinge aus der realen Welt wie Bäume und Stühle, und vergessen Sie dann auch die Dinge aus der mathematischen Welt wie Formen und Zahlen. Machen Sie Ihren Kopf frei, so als würden Sie sich auf eine streng organisierte Meditationsform vorbereiten.

Stellen Sie sich also, wenn Sie können, Folgendes vor: Stellen Sie sich vor, Sie hätten noch nie etwas gesehen, gehört, gefühlt, gerochen oder geschmeckt, gespürt oder geahnt, gelernt oder gewusst, nichts, niemals. Stellen Sie sich vor, dass Ihre Augen für immer geschlossen sind, ja dass Sie in Wirklichkeit gar keine Augen haben und nicht einmal wissen, was Augen überhaupt sind. Sie sind nichts als ein körperloses Bewusstsein, das in der Leere schwebt.

Sie haben nichts, woran Sie denken können. Buchstäblich nichts: Sie wissen von nichts. Es ist sehr langweilig. Sie haben nichts, was Sie unterhält, und so sitzen Sie eine Ewigkeit lang da, völlig leer.

Und dann erhalten Sie eine Nachricht, die direkt in Ihren Verstand eingespeist wird. (Endlich!) Die Nachricht lautet: »Etwas existiert.« Eine sehr schlichte Botschaft, aber Sie sind begeistert, dass Sie etwas haben, über das Sie nachdenken können. *Etwas existiert.* Sie wissen nicht, was es ist, das existiert, aber Sie wissen, dass etwas existiert, also können Sie ihm einen Namen geben, und Sie nennen es **g**.

Wenn Sie etwas benennen, nimmt der Name normalerweise irgendwie Bezug auf die benannte Sache. Hier jedoch nicht. Etymologie oder Onomatopoesie spielen hier keine Rolle, und das Wissen darüber, dass das Ding **g** heißt, sagt rein gar nichts darüber aus, was dieses Ding namens **g** ist. Es ist nur ein Name, ein Symbol, das Sie verwenden, um die Bezugnahme zu erleichtern. Sie können jetzt Aussagen wie diese treffen: »**g** existiert.« Sie sind sogar in der Lage, ein konzeptuelles Diagramm zu zeichnen, das alles darstellt, von dem Sie wissen, dass es in der Welt existiert.

Interpretieren Sie aber nicht zu viel hinein: Das Ding ist nicht wirklich ein **g**, und es ist nicht wirklich ein Punkt. Sie skizzieren lediglich das abstrakte Konzept des Dings, das Sie **g** nennen.

Nun sind Sie wieder gelangweilt. Sie haben so ziemlich alles getan, was Sie mit diesem einen Objekt, von dessen Existenz Sie wissen, tun können, und wie sich herausstellt, ist ein generisches Ding, das existiert, nicht viel interessanter als gar nichts Existierendes. Also kehren Sie noch ein paar Äonen lang zurück in die völlige Leere und wünschen sich, Sie hätten Däumchen, die Sie drehen könnten.

Dann, welch ein Glück, erreicht Sie eine weitere Nachricht. »Ein weiteres Ding existiert.« Großartige Neuigkeiten! Sie geben diesem neuen Ding den Namen **h** und verpassen Ihrem kleinen schematischen Diagramm ein Update.

Aber das ist im Großen und Ganzen auch schon wieder alles, was Sie tun können.

Egal, von wie vielen neuen Dingen Sie hören: Alles, was Sie tun können, ist, Ihrer Namensliste neue Namen hinzuzufügen, Ihrem Punktdiagramm neue Punkte hinzuzufügen – und dann wieder ins Nichts zurückzukehren. Wenn Sie jemand fragen würde: »Existiert **h**?«, dann könnten Sie ihm antworten: »Ja, das tut es.« Aber Sie wissen immer noch nicht mehr als exakt das, was Ihnen der Bote gesagt hat. Sie können nicht eigenständig neue Fakten herausfinden. Sie können keine Fragen stellen und über die Antworten nachgrübeln. Die Welt besteht aus einer Liste unzusammenhängender Objekte, und damit lässt sich nicht viel anfangen. Langweilig!

Damit irgendetwas auch nur annähernd Interessantes passieren kann, reicht es nicht aus, zu wissen, dass es Dinge gibt. Man muss vielmehr auch wissen, auf welche Weise diese Dinge in Bezug zueinander stehen.

Stellen Sie sich also Folgendes vor: Der Bote kommt zurück und gibt Ihnen eine Nachricht, die eine neue Wendung bedeutet. »Es gibt fünf Dinge, die existieren, und jedes dieser fünf Dinge hat ein Partner-Ding, das ebenfalls existiert.« Also schön, denken wir darüber nach. Was könnte diese Botschaft beschreiben?

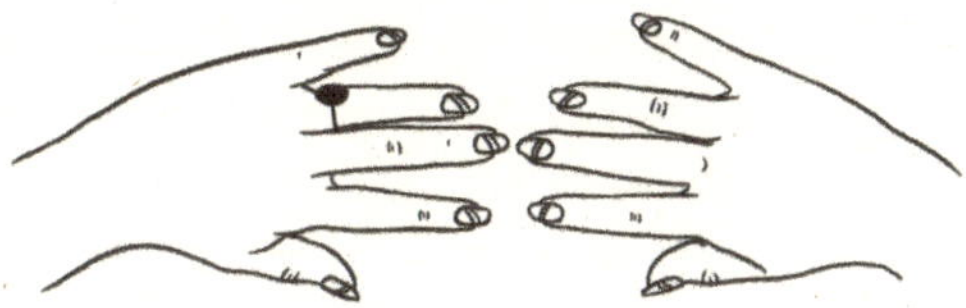

Alle diese Darstellungen passen zu unserer Beschreibung. Sie alle weisen ein ähnliches Muster auf, auch wenn sie oberflächlich betrachtet sehr verschieden sind. Aber in jedem Fall gibt es fünf Paare oder zehn Dinge, die in zwei Gruppen aufgeteilt sind. Die zusätzliche Information über die »Partner-Dinge«, die Sie dieses Mal erhalten haben, verleiht der Welt eine Art Grundstruktur. Die Objekte stehen nun in Beziehung zueinander und koexistieren, sie haben eine übergeordnete Form oder Ordnung. Das Ganze ist nun mehr als nur eine Ansammlung von Teilen.

Das ist ein Schritt in die richtige Richtung, denn die reale Welt weist eine dichte Strukturierung in Form von Beziehungen zwischen Objekten auf. Es gibt eine Couch und einen Teppich, aber sie existieren nicht in einem Vakuum: Die Couch befindet sich »über« dem Teppich, der sich »über« dem Fußboden befindet, der sich »über« dem Nachbarn in der Etage unter Ihnen befindet, und so weiter, bis hinunter zum geschmolzenen Erdkern. Wenn Sie über eine Person sprechen, sagen Sie wahrscheinlich nicht einfach »Andi existiert«. Sie sagen zum Beispiel etwas wie »Andi hat lange Fingernägel«. Sie beschreiben eine »Haben«-Beziehung zwischen Andi und einigen Fingernägeln, und Sie beschreiben eine »Länger als«-Beziehung zwischen Andis Fingernägeln und einer Referenzklasse anderer Fingernägel. Allein die Aussage »Andi ist eine Person« impliziert bereits eine ganze Reihe von Beziehungen – zwischen Andi und verschiedenen Körperteilen, anderen Personen, physischen Orten, Ereignissen,

Gewohnheiten, Überzeugungen, Wünschen und so weiter. Unser Verständnis der Welt besteht (auf der allergrundlegendsten, abstrakten Ebene) aus Objekten und Beziehungen zwischen Objekten.

Auch in der Welt der Mathematik lässt sich alles, was wir tun, durch diese grundlegende Linse betrachten. In der Topologie haben wir uns eine Art von Objekten angesehen, die Formen genannt werden, und eine Beziehung der »Gleichheit«, die für zwei beliebige Formen gilt, die sich durch Dehnen und Stauchen in eine gemeinsame Form bringen lassen. Diese Beziehung ordnet ein Durcheinander von Formen in ein geordnetes Klassifizierungssystem ein. Auf ähnliche Weise hat in der Analysis die »Größer als«-Beziehung eine Ordnung für alle Mengen von Dingen geschaffen, von der leeren Menge bis hin zur Unendlichkeit, dem Kontinuum und darüber hinaus.

Aber ich hatte ja gesagt, dass wir die reale Welt und die mathematische Welt hinter uns lassen. Vergessen wir also all das für den Moment und kehren wir zu Ihrem Bewusstsein zurück, das in der Leere schwebt; kehren wir zurück zu den fünf Dingen, die mit ihren ebenfalls existierenden fünf Partner-Dingen existieren.

Sie wollen die Objekte benennen und ein Punktdiagramm erstellen. Es scheint nicht ganz angebracht, den Objekten zehn zufällige Namen zu geben, denn das spiegelt nicht wider, was sie sind. Sie *könnten* das tun, da die Namen nichts bedeuten, aber um sich das Leben leichter zu machen, können Sie auch Namen wählen, die die Ordnung der Welt widerspiegeln, die Sie beschreiben. Dasselbe gilt für das Punktdiagramm. Sie könnten die Punkte willkürlich verstreuen, aber Ihnen ist mehr geholfen, wenn Sie die Partner-Dinge kenntlich machen.

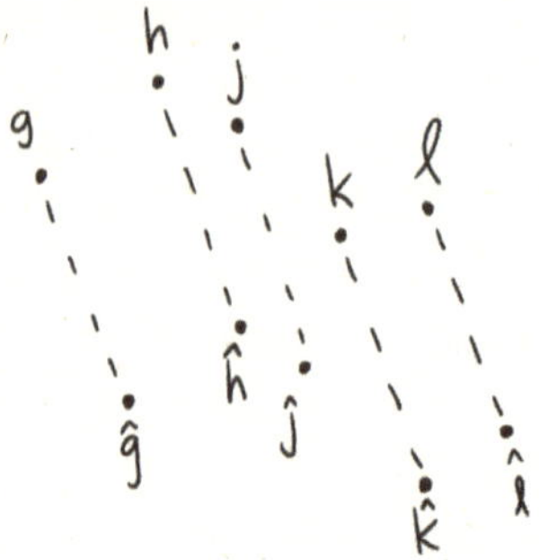

Dies ist eine der einfachsten möglichen Welten mit irgendeiner Form von organisierter Struktur. Das ist gut, denn Mathematiker mögen die Dinge einfach. Das ist der Sinn der Abstraktion: Sie ermöglicht uns, das Wesen von Ordnung und Form zu erforschen, ohne dass wir uns in die willkürlichen Besonderheiten einer bestimmten Situation verstricken.

Was genau lernen wir also über Ordnung und Form? Was unterscheidet diese strukturierte Welt mit ihren Partner-Dingen qualitativ von einer Ansammlung von Objekten ohne Bezug zueinander?

Zunächst einmal lässt sich über diese Welt auf eine Art und Weise sprechen, wie es bei den vorherigen Welten nicht möglich war. Wir können beispielsweise sagen: »***g*** ist das Partner-Ding von ***ĝ***« oder auch: »**h** und ***j*** sind keine Partner-Dinge voneinander« oder auch: »***k̂*** hat ein Partner-Ding, das aber weder ***g*** noch das Partner-Ding von **h** ist«. Vorher, als es noch keine Beziehung zwischen den Objekten gab, konnten wir lediglich sagen, dass dieses Ding existiert. Genau wie in der realen Welt sind Beziehungen die Substanz der Sprache.

Das bedeutet auch, dass wir Fragen stellen und nach Antworten suchen können. Zum Beispiel so: »Was ist das Partner-Ding von ***g***?« Oder: »Gibt es ein Objekt, das nicht das Partner-Ding seines eigenen Partner-Dings ist?« Diese Fragen sind leicht zu beantworten, denn in der Welt, mit der wir es zu tun haben, ist noch kaum etwas los. Aber zum ersten Mal befinden wir uns in einer Situation, in der es etwas zu entdecken gibt.

Noch mal ein kurzer Schritt zurück: Die große Idee hinter der abstrakten Algebra ist, dass alles, womit wir uns in der Mathematik beschäftigen, im Wesentlichen eine etwas kompliziertere Version dieser grundlegenden Partnerwelt ist. Es gibt einige Objekte, einige Beziehungen zwischen Objekten, einige Dinge, die wir kennen, und einige, die wir nicht kennen. Algebraiker sind davon überzeugt, dass sich jede denkbare mathematische Frage in abstrakte (verallgemeinerte) algebraische Begriffe übersetzen und mit algebraischen Werkzeugen lösen lässt.

Diese Überzeugung gilt auch über die Mathematik hinaus. Ein Großteil der westlichen akademischen Philosophie und Wissenschaft beruht auf der Vorstellung, dass alles, womit wir uns beschäftigen, auf einfache mathematische Strukturen abstrahiert werden kann. Das ist eine Vorstellung, die verrückt klingt, und womöglich ist sie tatsächlich verrückt und falsch. Zumindest aber ist es eine wirkmächtige Vorstellung, die den Menschen geholfen hat, die Arbeitsweisen der Natur zu verstehen und neue Technologien zu entwickeln.

Da das Partner-Ding-Beispiel noch immer zu einfach ist, um interessant zu sein, möchte ich ein weiteres spielerisches Beispiel für eine abstrakte Struktur geben. Vergessen Sie ein letztes Mal alles, was Sie wissen. Sind Sie bereit? Hier kommt Ihre Nachricht. »Es gibt drei besondere Dinge. Nennen wir sie ›Wugs‹, und jede mögliche Kombination von ›Wugsen‹ ist ebenfalls ein Ding, das existiert.« Was könnte der Bote da beschreiben? Ein einfach anzuwendendes Benennungssystem würde wie folgt aussehen:

g h j gh hj gj ghj

Aber wie sollten wir die Punkte anordnen? Mit welchem visuellen Schema ließe sich diese Struktur erfassen? Es gibt mehrere, die funktionieren würden, aber dieses hier ist gut geeignet: die Eckpunkte eines Würfels.

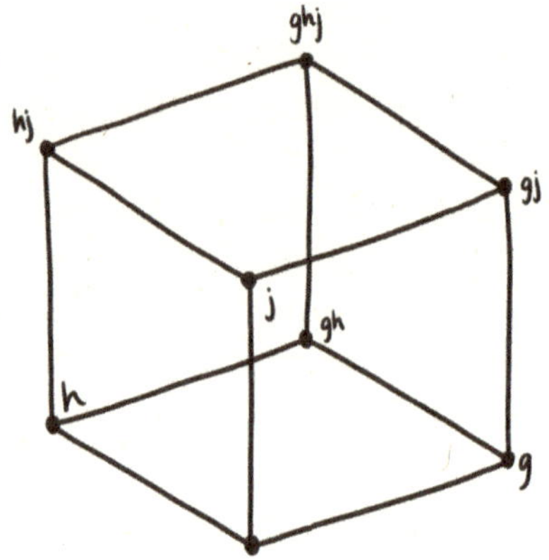

Nehmen Sie sich kurz Zeit, um sich dieses Diagramm anzuschauen und zu verstehen, warum es eine geeignete Darstellung der Struktur ist. Die untere, dem Betrachter zugewandte Ecke stellt das leere Objekt dar – eine »Keine Wugse«-Kombination. Und von dort ausgehend bezieht sich jeder Wugs auf eine der drei Dimensionen. Gehen Sie in die entsprechende Richtung, um den Wugs hinzuzufügen.

Strukturdiagramme wie dieses weisen immer schöne Symmetrien und Muster auf. Sehen Sie, dass die gegenüberliegenden Ecken des Würfels entgegengesetzte Namen haben? Das ist ein Zeichen dafür, dass wir die zugrunde liegende Struktur gut erfasst haben.

Eine andere Welt mit genau derselben Struktur wäre die Sammlung aller binären Drei-Bit-Zeichenketten, was so viel bedeutet wie: alle möglichen Zustände von drei nebeneinanderliegenden Ein/Aus-Schaltern.

In diesem Beispiel sind die Wugse die Schalter, und das nicht ausgefüllte Objekt sagt uns, dass alle drei Schalter auf »Aus« stehen.

Ein weiteres Beispiel der gleichen zugrunde liegenden Struktur: ein sogenanntes Venn-Diagramm mit drei Kreisen.

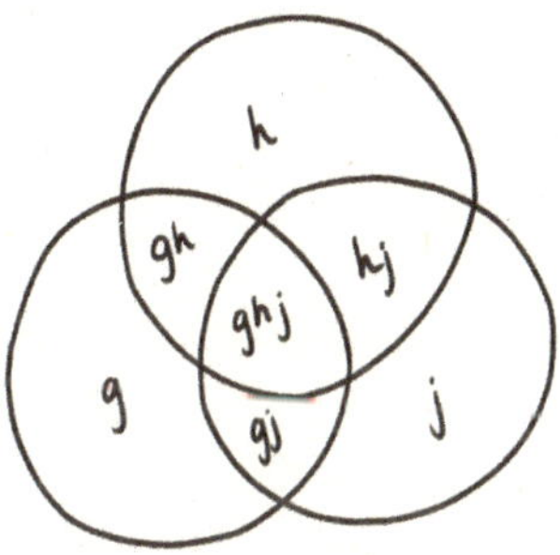

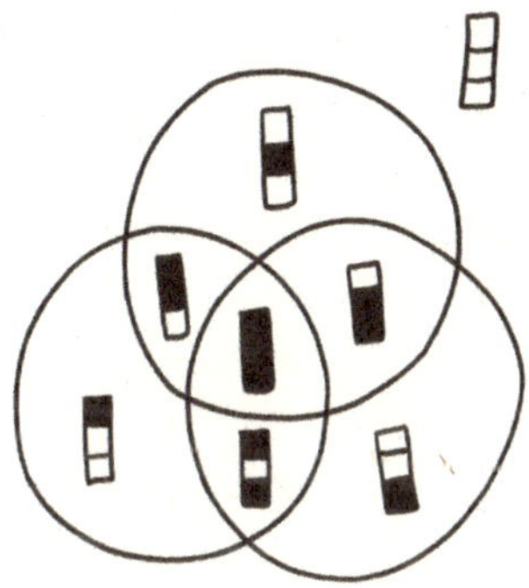

Und noch ein letztes System, das ebenfalls in dieses Muster passt: Farben.

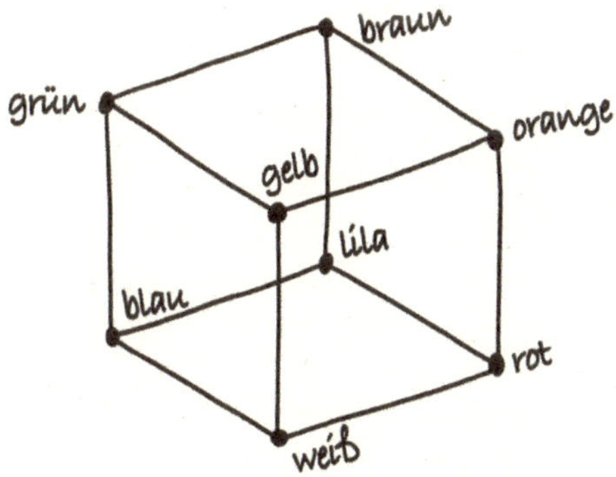

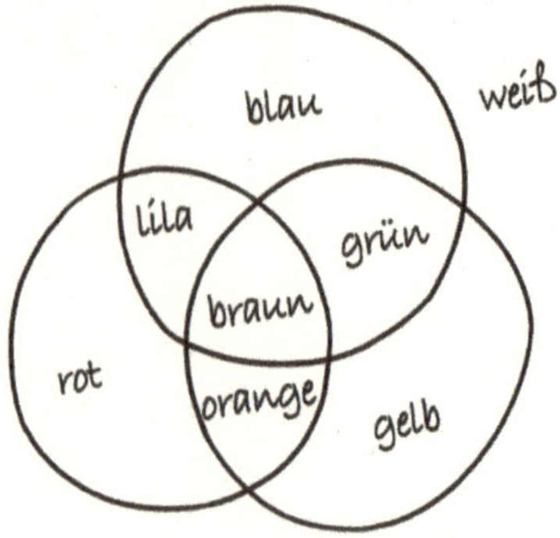

Erstaunlicherweise passen auch die Faktoren der Zahl Dreißig genau in dieses Muster. Ich würde Ihnen ja zeigen, wie das aussieht (ziemlich hübsch nämlich), aber ich habe versprochen, in diesem Buch keine Zahlen zu verwenden, also müssen Sie es wohl selbst herausfinden.

Aber jenseits dieses Detailwissens geht es mir im Wesentlichen um Folgendes: Ein und dieselbe abstrakte Grundstruktur kann sich als eine beliebige Anzahl äußerlich verschiedener Systeme offenbaren. Die spezifischen Objekte sind von Fall zu Fall völlig unterschiedlich, aber die Beziehungen zwischen ihnen sind genau dieselben.

	Wugs	Kombination	nichts	alles
ghj-Welt	Buchstaben	hinzufügen		
Würfel	Dimensionen	→↑	nichts	äußerste Ecke
Bit-Kette	Positionen	überlagern	⊟	▮
Venn-Diagramm	Kreise	überlappen	außen	Zentrum
Farben	Primärfarben	vermischen	weiß	braun
Faktoren von Dreißig	Primzahlen	multiplizieren	Eins	Dreißig

Und es gibt noch eine weitere mögliche Betrachtungsweise für diese »Gleiche abstrakte Struktur«-Äquivalenz: Jeder Satz, den man über eine Gruppe von Objekten sagen kann, ist auch dann noch wahr, wenn man ihn Wort für Wort in eine andere Gruppe übersetzt.

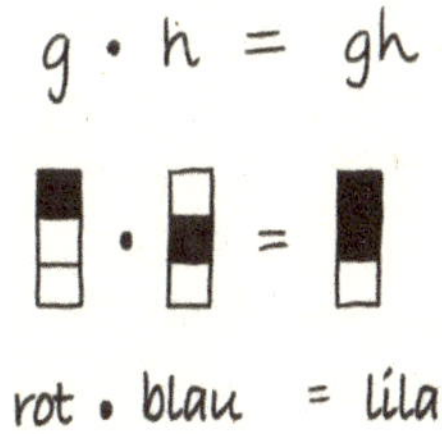

Es gibt einen formalen mathematischen Begriff für diese Art von Äquivalenz, der sich nicht gut in die Alltagssprache übersetzen lässt. Wenn zwei Systeme die gleiche abstrakte Struktur haben, sagen wir, dass sie zueinander isomorph sind, wobei *iso* »gleich« bedeutet und *morph* »Form« oder »Gestalt«. Die Farben, die Bitstrings und die Würfelecken sind alle isomorph – sie haben dieselbe konzeptionelle Gestalt.

Wenn Sie in einem Lehrbuch das Wort »isomorph« lesen, bedient der Autor sich wahrscheinlich einer sehr präzisen Definition und beschreibt zwei Systeme, die exakt dieselbe Struktur haben, also ohne irgendwelche erkennbaren Unterschiede sind. Aber auch im wirklichen Leben bezeichnen Mathematiker Dinge manchmal als isomorph, wobei wir uns dann für gewöhnlich einer weit gefassten, eher impressionistischen Definition bedienen. Man könnte zum Beispiel sagen, dass das Spiel Uno isomorph zu Mau-Mau ist oder dass Der *König der Löwen* isomorph zu *Hamlet* ist, wenngleich das nicht im wörtlichen, mathematischen Sinne gilt.

Für einen Algebraiker ist Isomorphie – der Zustand, isomorph zu sein – der Gipfel der Eleganz und Schönheit. Zwei nicht zueinander in Bezug stehende Situationen, die aber insgeheim dieselbe zugrunde liegende Dynamik aufweisen? *Wunderschön*. Die Komplexität der Welt wurde um eine Stufe runtergedreht. Was früher zwei einzelne Probleme waren – oder, je nach Fall, einhundert oder unendlich viele

Probleme –, hat sich auf ein einziges Problem reduziert. Unser Verständnis hat sich vertieft. (So sieht zumindest meine Sichtweise eines Algebraikers aus.)

Wir haben diese Art von Abstraktions-/Reduktionsprozess bereits vor ein paar Kapiteln in Aktion gesehen; da habe ich ihn nur nicht so genannt. Erinnern Sie sich noch an das Hotel Infinity? Wenn nicht, blättern Sie kurz zurück. Das Einchecken eines neuen Gastes in ein ausgebuchtes Hotel ist eine Situation mit der abstrakten Struktur »Unendlichkeit plus eins«. Das Gleiche gilt für das Hinzufügen eines neuen Objekts zu einem bodenlosen Beutel voller Objekte: Unendlichkeit plus eins. Haben Sie erst einmal die Dynamik von »Unendlichkeit plus eins« in einem Szenario verstanden, gilt für jedes isomorphe Szenario die gleiche Logik.

Denken Sie mal darüber nach: Was bedeutet denn »unendlich« oder »eins« überhaupt? Eins *wovon* denn? Diese Konzepte sind Abstraktionen. Eine Ente, ein Haar, ein Tropfen, eine Minute – das Konzept gilt für eine Million verschiedener Fälle, aber für sich genommen bedeutet es nichts. Es ist ein Platzhalter für ein wiederkehrendes Phänomen. Es ist ein abstraktes Objekt, ein rein mathematisches Objekt.

Und was genau ist ein »rein mathematisches Objekt«? Existieren diese Dinge wirklich oder sind es nur Hirngespinste? Über solche Fragen streiten sich die Philosophen der Mathematik. Einige Leute glauben, dass mathematische Objekte tatsächlich existieren, im wahrsten Sinne des Wortes, in einem weit entfernten Universum der reinen Abstraktion. Sie glauben, dass wir flüchtige Blicke auf diese einfachere Welt erhaschen, wenn wir die Mathematik studieren. Sie glauben, dass dieses Universum der reinen Mathematik, das »platonische Reich«, grundlegender und schöner ist als unsere Welt, weniger willkürlich und weniger von Zufällen beeinflusst.

Ich weiß nicht, ob das alles so stimmt, aber es ist eine nützliche Art des Nachdenkens über abstrakte Objekte. Was auch immer die ***ghj***-Struktur ist, wir können sie uns in dieser leeren, kahlen Welt der Mathematik vorstellen. Wir können nicht sagen, wie sie aussieht, genauso wenig wie wir sagen können, wie eine reine »Eins« aussieht - wir wissen es nicht. Wir können all diese unterschiedlichen Schatten sehen, die sie auf unsere Welt wirft - den Würfel, das Venn-Diagramm und so weiter. Aber das *Objekt*, von dem wir sprechen? Dieses Knochengerüst einer Idee, diese abstrakte algebraische Form, die ich von meinem Kopf in Ihren zu übermitteln versuche? Das ist nur ein *Ding*. Eine Struktur. Wir können ihr einen Namen geben, also nennen wir sie z-zwei-würfelig.

Ja, natürlich: Mathematiker haben es sich zur Aufgabe gemacht, jede mögliche abstrakte Struktur zu finden, zu benennen und zu klassifizieren.

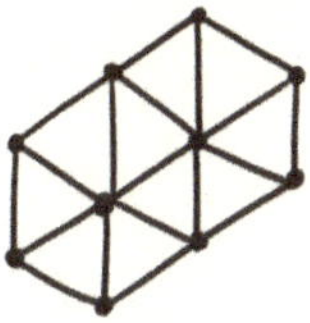

Strukturen

Keine Sorge: Wir werden hier keine erschöpfende Klassifizierung aller möglichen abstrakten Strukturen vornehmen. Wer hat schon die Zeit dazu? Es gibt viele davon, was auch Sinn ergibt, denn »Struktur« ist ein sehr weit gefasster Begriff. Das ist nicht dasselbe wie bei unserer Klassifizierung von Mannigfaltigkeiten, bei der wir die Dimensionen der Reihe nach durchgegangen sind, um jedes Mal ein paar Formen zu Papier zu bringen. Die Klassifizierung algebraischer Strukturen ist ein Projekt, das von der Form her eher der Klassifizierung aller Arten von Leben auf der Erde entspricht. Es gibt eine Menge Ebenen zu bearbeiten: Es gibt den Top-Level-Bereich der »Struktur«, dann aber gibt es noch etwa ein Dutzend anerkannter Strukturkategorien – Felder, Ringe, Gruppen, Schleifen, Graphen, Gitter, Ordnungen, Halbgruppen, Gruppoide, Monoide, Magmen, Module –, und dann noch einen ganzen Haufen, den wir faulerweise einfach nur Algebren nennen. Jede dieser Kategorien hat Unterkategorien, die wiederum Unter-Unterkategorien haben, die sich noch weiter nach Eigenschaften und Merkmalen aufteilen lassen. Das ist eine ziemlich imposante Taxonomie.

Es ist daher nicht mein Ziel, alle zu erfassen, aber ich möchte Ihnen in diesem Kapitel eine Auswahl einiger dieser Strukturen zeigen.

Ich wähle dafür die Arten von Strukturen aus, die in der freien Natur häufiger vorkommen, aber bitte denken Sie daran: Professionelle Mathematiker interessieren sich nicht sonderlich für das, was außerhalb der Mathematik üblich oder nützlich ist. Algebraiker untersuchen Strukturen, die sie interessant oder elegant finden, unabhängig davon, ob diese in unserer Welt vorkommen oder nicht.

Mengen

Eine Menge ist die einfachste aller Strukturen. Sie ist so schlicht, dass manche Leute sie nicht einmal als Struktur betrachten. Es handelt sich um eine Ansammlung von Objekten, ohne sonstige Beziehungen oder Eigenschaften.

Hier ein Beispiel für eine Menge – eine Menge, die wir *zwei* nennen. Wir können die Menge selbst nicht wirklich betrachten (sie ist ein abstraktes Objekt ohne spezifische Form), aber es gibt verschiedene reale Szenarien mit dieser Struktur, wie zum Beispiel diese hier:

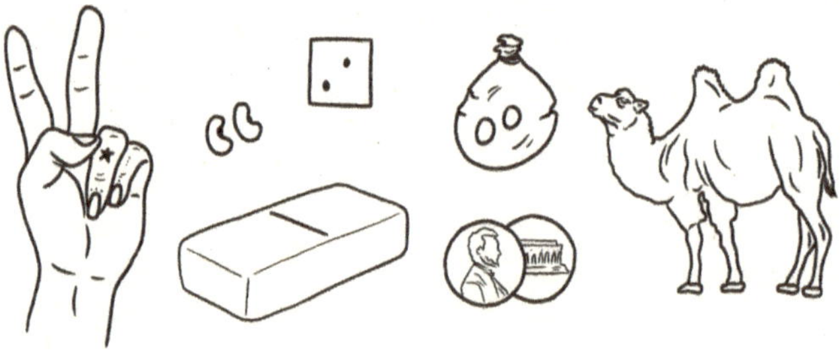

Es gibt keine »richtige« Art, eine Menge zu betrachten oder zu zeichnen – es gibt nicht die eine »richtige« Art, irgendeine Art von Struktur zu betrachten.

Diese Menge hier, die Menge *zwei*, ist eine von vielen verschiedenen existenten Mengen. Endliche Mengen sind sehr leicht zu klassifizieren. Jede endliche Menge ist isomorph zu einer der folgenden Mengen:

Unendliche Mengen sind etwas komplizierter ... um es vorsichtig auszudrücken.

Graphen

Ein Graph ist einer Menge nicht unähnlich, hat aber eine zusätzliche Struktur. In einem Graphen stehen einige Objekte in einer besonderen Beziehung zueinander. Wir können diese Objekte als Punkte und die Beziehung zwischen ihnen als Linien darstellen.

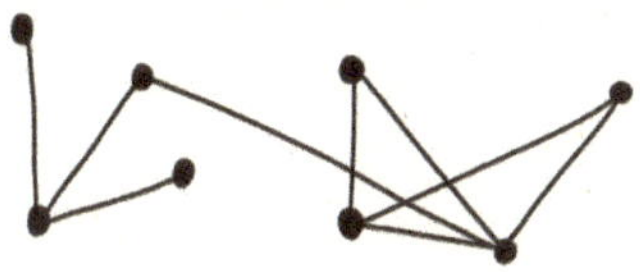

Man kann sich das wie die Struktur eines sozialen Netzwerks vorstellen, in dem jeder Punkt eine Person und jede Linie eine Freundschaft darstellt. Zumindest sind soziale Netzwerke wie Facebook oder LinkedIn so strukturiert. Sie werten Freundschaft als ein binäres Kriterium, das immer in beide Richtungen geht.

Sie könnten auch etwas Präziseres als »Freundschaft« wählen, um die Verbindungslinien in diesem Graphen zu zeichnen. Man könnte zwei Personen miteinander verbinden, wenn sie schon einmal miteinander gesprochen und dabei Blickkontakt hergestellt haben. Man könnte nur Menschen miteinander verbinden, die einander geküsst haben. Man könnte zwei Personen einzig und allein dann miteinander verbinden, wenn sie gemeinsam in einem auf dem Movie-Portal IMDb gelisteten Film mitgespielt haben.

Häufig gestellte Fragen zu Graphen sind unter anderem: Wie dicht ist das Netz der Verbindungen? Wie stark sind sie in verschiedene Cliquen aufgeteilt? Lässt sich der Graph sauber in zwei Untergraphen aufteilen, ohne dass zwischen diesen beiden Untergraphen Verbindungen bestehen?

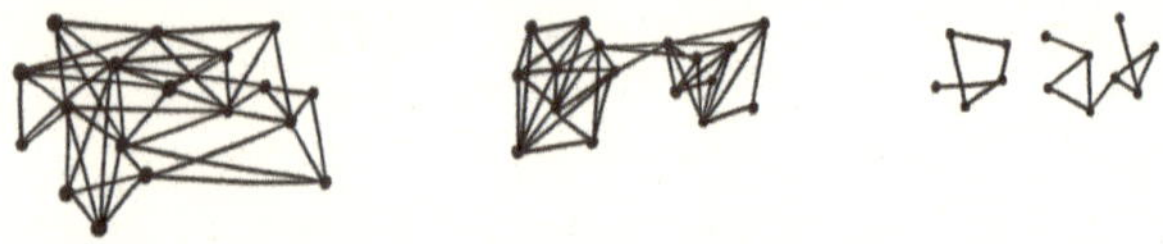

Kann man ihn zeichnen, ohne dass sich Linien kreuzen? Gibt es einzelne Punkte ohne jegliche Verbindungen? Welches Objekt hat die meisten Verbindungen? Welches Objekt hat die meisten Verbindungen über zwei oder mehr Ecken (»Freund eines Freundes«)? Welche Objekte sind am zentralsten, das heißt, von welchen Objekten gelangt man mit den wenigsten Schritten zu allen anderen Objekten?

Wenn es stimmt, dass jeder von uns über höchstens sechs Bekanntschaftsbeziehungen mit jedem anderen Menschen auf dieser Erde vernetzbar ist, dann bedeutet das, dass der »Durchmesser« des menschlichen Sozialgraphen *sechs* beträgt. Man kann auch den »Radius« von einem bestimmten Punkt aus berechnen, wenn man zum Beispiel sagt, dass jeder Schauspieler höchstens vier Schritte von Kevin Bacon entfernt ist.

Hier ist der Anfang der Liste aller möglichen zusammenhängenden Graphen, geordnet nach der Anzahl der Punkte:

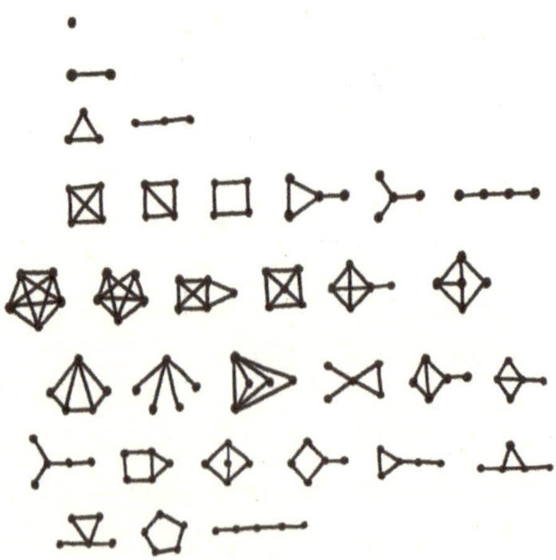

Gewichtete Graphen

Im wirklichen Leben, so könnte man vermuten, ist Freundschaft nicht so sehr ein binäres System als vielmehr ein Kontinuum. Für jedes Paar von Menschen kann die Beziehung zwischen null (einander nie begegnet) und unendlich (unzertrennlich) variieren. Strukturell gesehen ist das ein gewichteter Graph.

Man kann nicht einmal ansatzweise alle denkbaren gewichteten Graphen aufzählen. Es gibt ein Kontinuum verschiedener Optionen, selbst für einen gewichteten Zwei-Personen-Graphen.

Gerichtete Graphen

Ein gerichteter Graph ähnelt einem Graphen, aber anstelle von symmetrischen Linien gibt es Pfeile, die jeweils nur von einem Bezugspunkt zu einem anderen weisen, nicht aber in beide Richtungen.

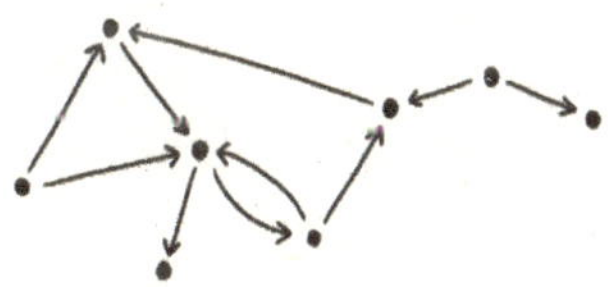

Menschen auf Instagram oder Twitter bilden einen gerichteten Graphen, nämlich immer dann, wenn sie Menschen folgen, die ihnen selbst nicht folgen.

Die Struktur des Internets selbst ist ein gerichteter Graph. Jede Website ist ein Knotenpunkt des Graphen, und jeder Pfeil ist ein Link von einer Seite zur anderen. Wenn Sie sich von Seite zu Seite klicken, folgen Sie einer Kette von Pfeilen. Die meisten modernen Suchmaschinen verwenden die Graphentheorie, um die Ihnen angezeigten Suchergebnisse zu sortieren, indem sie diejenigen Websites an die

Spitze der Suchergebnisse schieben, die mehr Links zu Ihnen aufweisen. (Sie berücksichtigen außerdem andere Aspekte wie Werbung und den Grad der Übereinstimmung mit Ihrer Suchanfrage.)

Auch das Spiel Schere-Stein-Papier kann als gerichteter Graph mit drei Knotenpunkten modelliert werden.

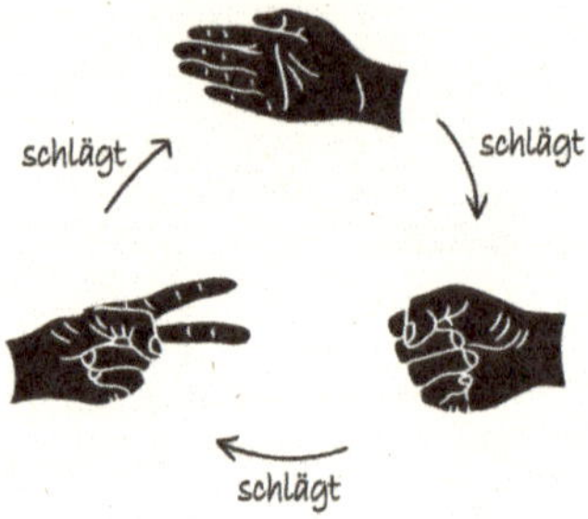

Eine oft gehörte Frage zu gerichteten Diagrammen lautet, ob sie Zyklen haben: Wenn man einer Kette von Pfeilen folgt, landet man dann jemals wieder dort, wo man angefangen hat? Schere-Stein-Papier hat einen solchen Zyklus, während eine typische Nahrungskette keinen hat.

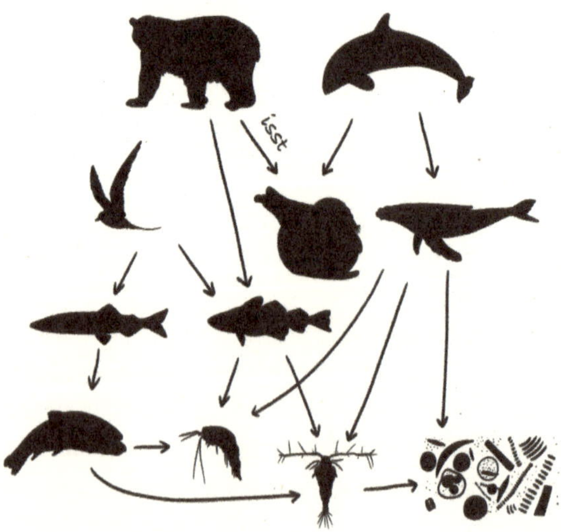

Hier sehen Sie den ersten Schwung miteinander verbundener gerichteter Graphen:

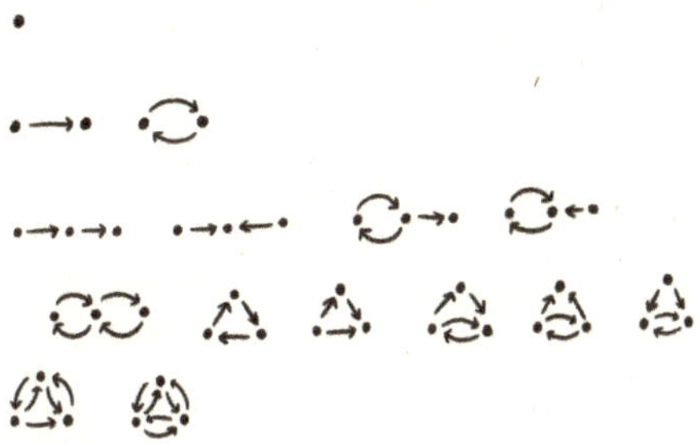

Nach drei Knotenpunkten explodiert die Anzahl der gerichteten Graphen sehr schnell. Schauen Sie sich an, wie viele verschiedene Möglichkeiten allein für vier in einer Reihe angeordnete Knotenpunkte existieren:

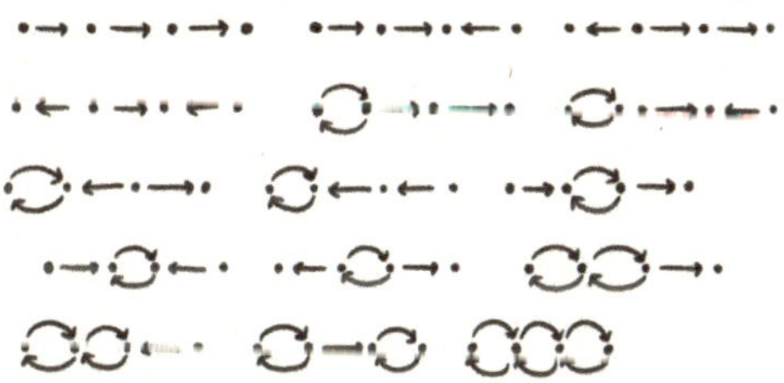

Spielbäume

Es gibt eine gängige Art von Zwei-Personen-Spielen, über die Mathematiker gerne grübeln. Dame, Schach, Tic-Tac-Toe, Go, Vier gewinnt und Reversi aka Othello fallen allesamt in diese Kategorie. Es handelt sich dabei um Spiele, bei denen zwei Spieler abwechselnd Züge machen, wobei sie – Glück ist hierbei kein relevanter Faktor – volle Information über das Spielgeschehen besitzen; am Ende gewinnt eine Person oder es gibt ein Unentschieden. Diese Spiele werden als kombinatorische Spiele bezeichnet und können als Strukturtypus untersucht werden.

Werfen wir mal einen Blick auf Tic-Tac-Toe: Jede mögliche Position auf dem Spielfeld ist ein Punkt oder Knotenpunkt, und es gibt zwei Arten von Pfeilen: Züge, die X machen kann, und Züge, die O machen kann.

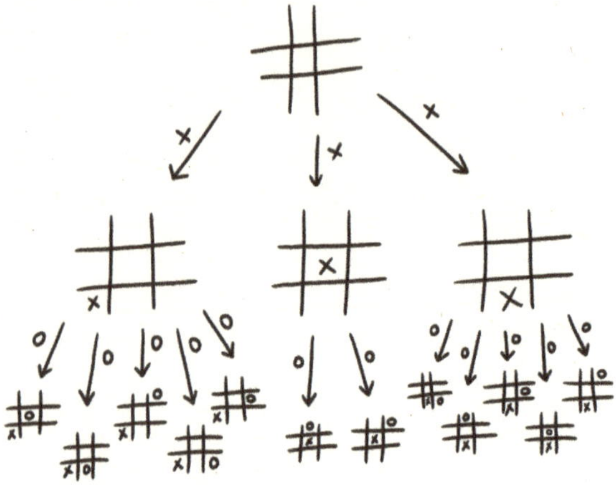

Mithilfe dieses »Spielbaums« können Sie den Verlauf von jedem beliebigen Tic-Tac-Toe-Spiel als Pfad entlang des Baums nachvollziehen, bei dem sich X-Pfeil und O-Pfeil immer wieder abwechseln.

Jedes kombinatorische Spiel – Dame, Schach und so weiter – lässt sich auf diese Weise als Spielbaum darstellen. Den Spielbaum für ein Spiel wie Go, bei dem es für jeden Zug Hunderte von zulässigen Varianten gibt, zu Papier zu bringen, wäre ein schier wahnsinniges Unterfangen. Aber Computer, die Brettspiele spielen, sind darauf programmiert, Spielbäume zu durchsuchen, um gute Strategien zu finden.

Sie wissen wahrscheinlich, dass es bei Tic-Tac-Toe immer möglich ist, ein Unentschieden zu erzwingen, wenn beide Spieler gut spielen. Ein interessantes Faktum der kombinatorischen Spieltheorie besagt, dass das für *jedes* kombinatorische Spiel gilt: Zwangsweise gewinnt entweder einer der beiden Spieler oder es wird Unentschieden erzwungen. Wenn beide Spieler optimal spielen, ist das Spiel von Anfang an entschieden. In der Praxis wissen wir noch immer nicht, was die optimale Strategie für so komplexe Spiele wie Schach oder

Go ist. Theoretisch jedoch ist jedes Spiel »lösbar«, das wir mit vollständiger Information über das Spielgeschehen und daher ohne den Faktor Glück* spielen.

Beweis

Man nehme ein beliebiges kombinatorisches Spiel und schreibe dessen vollständigen Spielbaum auf. Nennen wir die beiden Spieler *X* und *O*. An jeder möglichen Endposition färben wir den Knotenpunkt grün, wenn *X* gewonnen hat, rot, wenn *X* verloren hat, und grau, wenn es mit einem Unentschieden endete.

Jetzt können wir neben den Endpositionen auch den Rest des Baums einfärben. Jeden Knotenpunkt, an dem *X* am Zug ist und von dem aus einer der *X*-Pfeile auf eine grüne (Gewinner-)Position zeigt, färben wir grün, weil *X* hier mit dem nächsten Zug gewinnen kann. Wenn alle *X*-Pfeile auf rote (Verlierer-)Positionen zeigen, färben wir besagten Knotenpunkt ebenfalls rot. Wenn *X*-Pfeile sowohl auf rote (Verlierer-) als auch auf graue (Unentschieden-)Positionen zeigen, färben wir den Knotenpunkt grau, denn *X* kann sich für ein Unentschieden entscheiden.

Nun färben wir alle Knotenpunkte auf diese Weise weiter ein, den Spielbaum immer weiter hinauf, bis jeder Knoten eingefärbt ist.

Welche Farbe hat die Ausgangsposition? Wenn sie grün ist, kann *X* einen Sieg erzwingen. Wenn sie rot ist, kann O einen Sieg erzwingen. Ist sie hingegen grau, endet das Spiel unter Voraussetzung des bestmöglichen Spielverhaltens beider Spieler mit einem Unentschieden.

QED

Sowohl Dame als auch Vier gewinnt wurden »gelöst«, mithilfe leistungsstarker Computer, die jeden Zweig des Spielbaums erschöpfend durchsucht haben (Dame endet unentschieden, wenn beide Spieler perfekt spielen, bei Vier gewinnt siegt unter gleichen Voraussetzungen der Spieler, der die Partie eröffnet hat). Jedoch ist es unwahrscheinlich, dass ein Mensch jemals die perfekte Strategie für alle möglichen Spielsituationen auswendig lernen könnte, sodass das Spiel in der Praxis immer noch interessant ist. Schach und Go konnten noch nicht gelöst werden. Einige Spitzenschachspieler haben behauptet, dass Schach bei perfektem Spiel letztlich ein erzwungenes Unentschieden ist.

Stammbäume

Ein Stammbaum ist ebenfalls eine graphähnliche Struktur, die aus Knotenpunkten und Verbindungen besteht. Hier aber ist jede Verbindung wie ein gespaltener Pfeil, der eine »Eltern von«-Beziehung anzeigt.

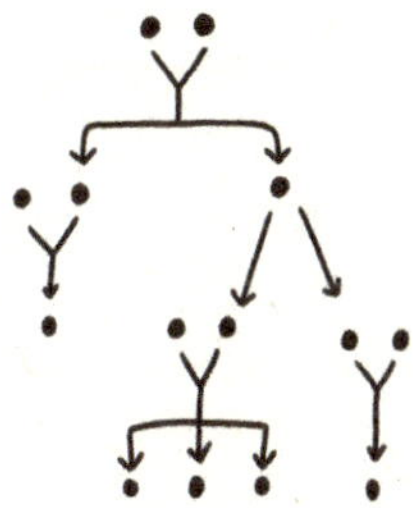

Sie können festlegen, dass jeder Elternpfeil genau zwei Elternteile haben muss, oder Sie können andere Familienstrukturen zulassen. Hier sind die ersten Stammbäume, die eine beliebige Anzahl von Eltern zulassen:

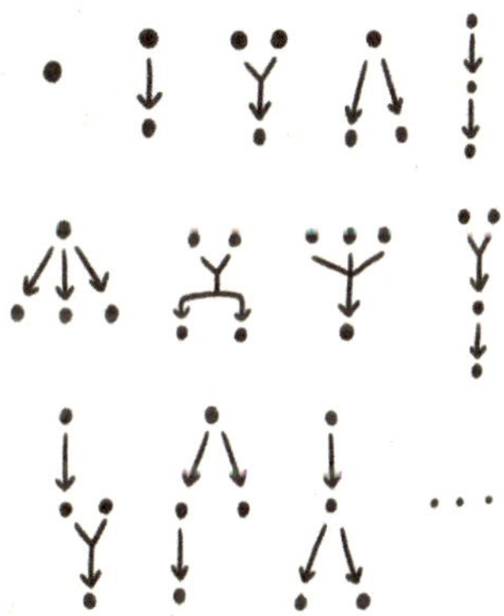

Ich sage es noch einmal, weil es wichtig ist: Diese Pfeil-und-Punkt-Skizzen sind nur eine bequeme Art, Strukturen darzustellen. Strukturen an und für sich haben keine irdische Form. Algebraiker beschreiben Strukturen oft in rein mathematischer Sprache, ohne Bilder, etwa so:

Ein *Stammbaum* ist eine Menge *S* mit einer Elternbeziehung {(Pi, Xi)}, die zwischen Elternmengen $P \subseteq S$ und Kindern $x \in S$ besteht.

Symmetriegruppen

Über Symmetriegruppen muss ich sprechen, weil Algebraiker von Symmetrie besessen sind. Theoretische Physiker sind ebenfalls von Symmetrie besessen, und heutzutage müssen viele theoretische Physiker sich nebenbei mit Gruppentheorie beschäftigen, um Übung in der Arbeit mit verschiedenen Symmetrien zu bekommen.

Sie haben wahrscheinlich bemerkt, dass verschiedene Formen, Muster und Objekte auch verschiedene Formen von Symmetrie haben. Es gibt die Spiegelsymmetrie, die Rotationssymmetrie, die Translationssymmetrie und die Dehnungssymmetrie.

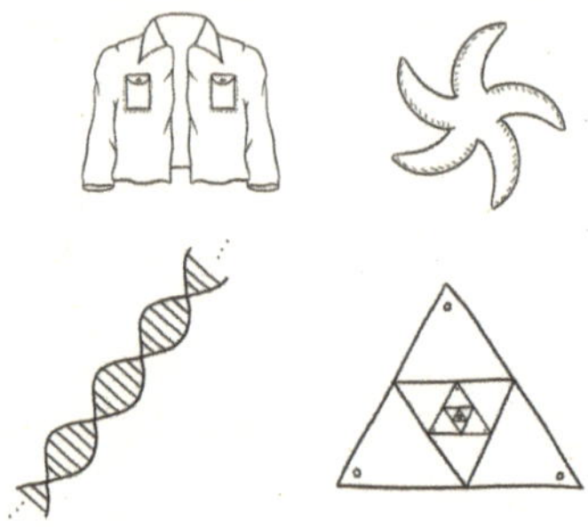

Jede dieser Symmetrieformen hat unglaublich viele verschiedene Unterformen. Die Rotationssymmetrie kann zum Beispiel diskret oder kontinuierlich sein.

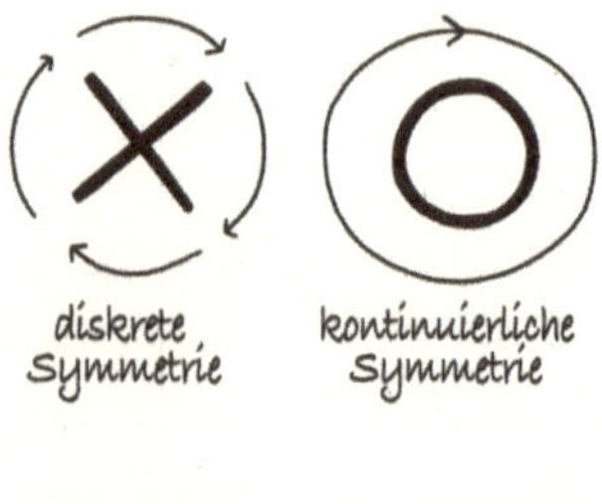

Ein Objekt kann auch entlang mehrerer Rotationsachsen eine Rotationssymmetrie aufweisen.

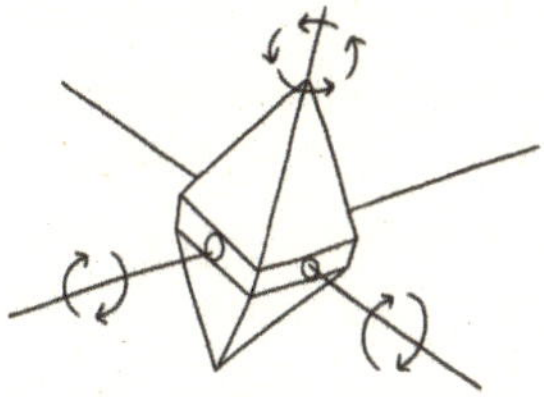

Es gibt auch Beispiele, bei denen sich Rotationssymmetrie und andere Arten von Symmetrie gleichzeitig finden lassen.

Gruppentheoretiker haben eine systematische Methode entwickelt, mit der sich jede Art von Symmetrie als algebraische Struktur darstellen lässt. Hier finden Sie einige Beispiele von Formen und ihren entsprechenden Symmetriegruppen:

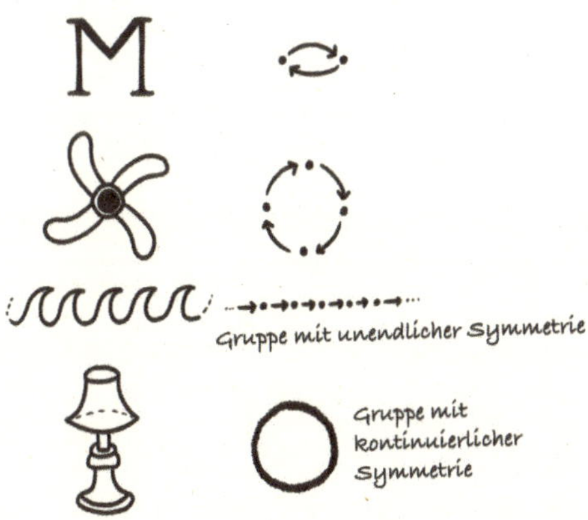

Diese Beispiele haben jeweils eine Art von Symmetrie. Bei Objekten mit mehreren Arten von Symmetrie ist die Gruppenstruktur etwas komplizierter. Hier hätten wir zum Beispiel die Symmetriegruppe eines Quadrats. Sie hat zwei Arten von Pfeilen, von denen einer eine Links-rechts-Drehung und der andere eine Vierteldrehung im Uhrzeigersinn anzeigt.

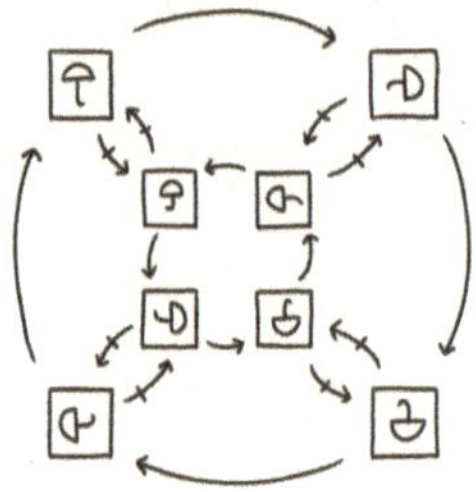

Tapetengruppen

Diese letzte Gruppe ist eine Unterkategorie der Symmetriegruppen. Ein Objekt oder Muster hat Tapetensymmetrie, wenn es dazu verwendet werden kann, die gesamte Fläche zu tessellieren. Die folgenden Muster haben alle Tapetensymmetrie, aber keine andere Form der Symmetrie:

Wohingegen die folgenden Muster Tapetensymmetrie und vierseitige Rotationssymmetrie aufweisen:

Und dann gibt es noch Muster, die Tapetensymmetrie, Spiegelsymmetrie und sechsseitige Rotationssymmetrie aufweisen:

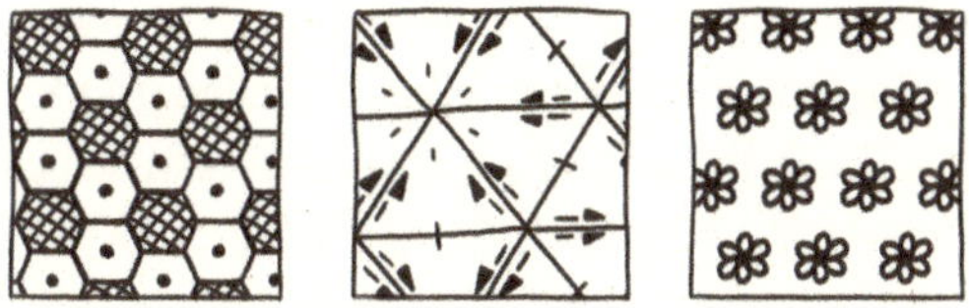

Ein wunderschöner und erstaunlicher Befund der abstrakten Algebra besagt, dass es exakt siebzehn unterscheidbare Arten von Tapetensymmetrie gibt. Hier ein Beispiel von jedem Typus:

Ich höre jetzt auf damit, Strukturen aufzuzählen, aber bedenken Sie stets, dass es noch viele, viele weitere Kategorien gibt, die nicht auf dieser Liste stehen. Algebraische Strukturen können verwendet werden, um so ziemlich alles zu modellieren, was Muster und Regelmäßigkeiten aufweist: Syntax, Codes und Kryptografie, Musiktheorie, Zauberwürfel, Anagramme, Partikel, Lieferketten, Polynome, Jonglage - was auch immer. Alles, was sich auf einem Computer oder Smartphone befindet, wird im Speicher als »Datenstruktur« aufbewahrt - ein weiterer Typus algebraischer Objekte. Es gibt sogar einen ausgeprägten Metazweig der Algebra, die Kategorientheorie, die sich mit Strukturkategorien befasst und nach Mustern und Beziehungen zwischen all diesen Kategorien sucht.

Schließlich ist eine algebraische Struktur nur eine Menge miteinander verbundener Dinge. Sie ist ein ziemlich vielseitiges Werkzeug. Deshalb sind viele Algebraiker davon überzeugt, dass sich, wenn man nur wirklich will, alles im Universum als eine Art abstrakte Struktur darstellen lässt.

Schlussfolgerung

Kehren wir einen Moment lang in die reale Welt zurück. Stellen Sie sich eine Stadt vor, in der eine Million Menschen ihrem Alltag nachgehen und miteinander interagieren. Welche Arten von Beziehungen gibt es? Wie sieht die Struktur dieses Netzwerks von Menschen aus? Keine einfache Frage – von den Strukturen, die ich Ihnen gezeigt habe, ist keine auch nur annähernd nuanciert genug. Denken Sie an all die wahren Aussagen, die Sie über Menschen in einer Stadt treffen könnten: »Che hat Cousins in Frankreich.« »Deb und Max haben letzten Oktober einen Wochenendausflug gemacht.« Wir sind weit entfernt von »rot • blau = lila«.

Wir leben jedoch in Strukturen. Sie sind zu komplex, um sie mit algebraischer Präzision zu analysieren, aber es sind Strukturen. Was man isst, wo man schläft, wen man liebt: Diese Fakten existieren innerhalb lokaler, regionaler und globaler Netzwerke aus Vertrauen, Handel, Macht, Arbeit, Zwang, Tradition, Verantwortlichkeit und so weiter. Wir müssen nicht genau wissen, wie das alles auf eine Seite passt, wie all die Pfeile und Punkte aussehen, um zu begreifen, dass es sich auf einer gewissen Ebene um ein großes System aus miteinander verbundenen Teilen handelt.

Es sind zwei völlig unterschiedliche Dinge, ob man sich innerhalb einer Struktur befindet oder ob man sie sich auf einem Blatt Papier anschaut. Von außen betrachtet ist alles bekannt. Man kann sowohl alle Dinge als auch ihre Beziehungen zueinander sehen. Hier unten im Innern des Systems können wir nur kleine Einzelteile sehen. Wir haben Informationen über die Menschen, mit denen wir interagieren, und wir erhalten Hinweise darauf, was außerhalb unserer lokalen Netzwerke vor sich geht. Das war's aber im Großen und Ganzen auch schon.

Von diesem Startpunkt begrenzter Informationen aus gelingt es uns aber, eine Menge über die Welt herauszufinden. Wir erkennen Muster und ergänzen fehlende Informationen intuitiv. Mit gesundem Menschenverstand und Logik verwandeln wir die kleinen Schnipsel, die wir erhalten, in neues, nützliches Wissen. Wie machen wir das?

Wie funktioniert der Prozess der Schlussfolgerung?

Wir ziehen ständig logische Schlüsse, aber es lohnt sich, einen Schritt zurückzutreten, um so erkennen zu können, was für eine bemerkenswerte Leistung das ist. Wir greifen zurück auf etwas, das wir kennen - etwas, das man uns gesagt hat, oder etwas, das wir mit eigenen Augen sehen können -, und auf magische Weise zieht es Kreise in unserem Kopf, und wir lassen daraus eine neue Sache entstehen, die wir nun auch kennen. Wir sehen ein einzelnes Straßenschild und wissen mit einem Mal, in welche Richtung wir laufen und wie wir zum Park gelangen können. Man sagt uns, dass der

Meeresspiegel ansteigt, und daher wissen wir auch, dass die Menschen, die auf Inseln leben, in Gefahr sind. Je komplexer das System, desto beeindruckender ist unser Vermögen, in so beiläufiger Weise Schlussfolgerungen daraus zu ziehen.

Wie funktioniert die Mechanik dahinter, wenn wir auf diese Art von einer Wahrheit zur anderen springen? Wann kann man sich der Schlüsse, die man zieht, sicher sein, und wann zieht man versehentlich Schlussfolgerungen, die nicht wahr sind?

Mathematiker befassen sich sowohl aus Gründen des Interesses als auch der Zweckmäßigkeit mit logischen Schlüssen. Wenn wir uns diesem Prozess, fachsprachlich auch Inferenz genannt, von wissenschaftlicher Seite nähern, dann gelingt es uns vielleicht, ihn zu formalisieren und zu automatisieren. Wir werden in der Lage sein, alles in Erfahrung zu bringen, was es über ein System zu wissen gibt, indem wir einfach ein paar grundlegende Fakten eingeben und »Rückschluss« drücken. (Zumindest ist das die Idealvorstellung.)

Leider ist die reale Welt kompliziert und schwer zu systematisieren. Da geht eine Menge vor sich, ohne dass es klare Regeln gibt. Was tun wir also? Wir abstrahieren! Wir schauen uns eine viel, viel einfacher strukturierte Welt an und untersuchen, wie in dieser Welt Schlussfolgerungen funktionieren. Indem wir mittels einer Reihe stark vereinfachter Szenarien erste »Schwimmübungen« machen, bekommen wir ein Gefühl dafür, wie Schlussfolgerungen im allgemeinen Fall funktionieren.

Fangen wir also an. Was ist ein einfaches System, über das wir Schlussfolgerungen ziehen können? Nur gut, dass wir im letzten Kapitel ein Beispiel nach dem anderen für grundlegende Strukturen durchgespielt haben – wir können eine davon verwenden. Wie wäre es denn mit einem Stammbaum? Wie funktioniert eine Schlussfolgerung, wenn das System, über das man nachdenkt, ein Familienstammbaum ist?

Angenommen, ich sage Ihnen: »Bea ist ein Elternteil von Anna«, und Sie haben bereits gehört, dass »Kathi Beas Schwester ist«. Auf Grundlage dessen können Sie eine Schlussfolgerung ziehen: Kathi muss Annas Tante sein.

Diese Schlussfolgerung im Speziellen bezieht sich auf Anna, Bea und Kathi, aber es ist klar, dass dasselbe Schlussfolgerungsmuster auch in anderen Fällen gelten wird. Wenn Bea ein weiteres Kind namens Jonas hat, dann wissen Sie, dass Kathi auch Jonas' Tante ist. Wenn Kathi selbst einen Elternteil hat, der eine Schwester hat, dann hat Kathi auch eine Tante. Für alle denkbaren Stammbäume gibt es eine allgemeine Tantenregel, die immer gilt.

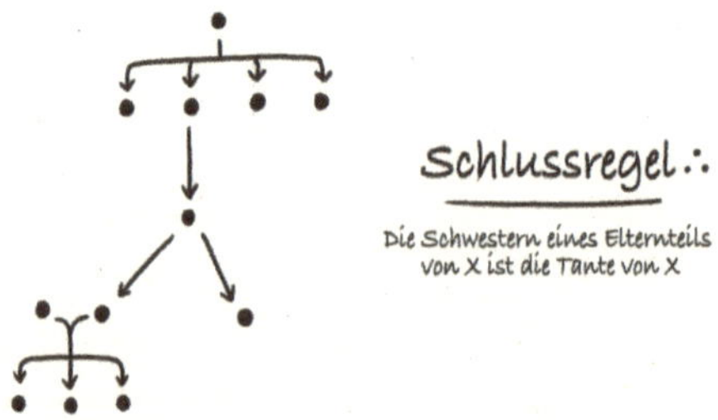

Schon klar, es mag übertrieben scheinen, hier von einer »Regel« zu sprechen. Es ist ja nicht so, dass Sie ein offizielles Regelwerk konsultieren müssen, wenn Sie eine »Tantenschaft« bestimmen wollen. Wahrscheinlich haben Sie einfach intuitiv erfasst, dass Kathi die Tante von Anna ist.

Es geht hier nicht buchstäblich darum, zu verstehen, wie das menschliche Gehirn Systeme gedanklich durchdringt. Das ist ein Problem, dessen sich Psychologen und Neurowissenschaftler annehmen müssen. Unser Interesse gilt den Schlussfolgerungen selbst: Wir wollen wissen, welche Arten von Schlussfolgerungen zulässig sind, und zwar unabhängig davon, wer auf welche Weise die Schlussfolgerungen zieht. Eine entsprechende Regel gibt Aufschluss über die dem System innewohnende Logik: Zu jeder Tageszeit und in jedem Geisteszustand ist die Schwester eines Elternteils eine Tante. Punkt.

Das Beispiel mit der Tante fühlt sich kaum wie eine Schlussfolgerung an, also versuchen wir es doch mal mit einer anderen Struktur aus dem vorigen Kapitel: Nehmen wir einen Spielbaum. Wenn Sie erkennen, dass ein bestimmter Zug beim Tic-Tac-Toe-Spiel Ihrem Gegner die Möglichkeit gibt, sich einen doppelten Vorteil zu verschaffen, dann ist Ihnen klar, dass Sie diesen Zug nicht machen sollten. Das ist eine Schlussfolgerung beziehungsweise ein logischer Schluss. Und sie entspricht einer sogenannten Schlussregel (auch Inferenzregel genannt).

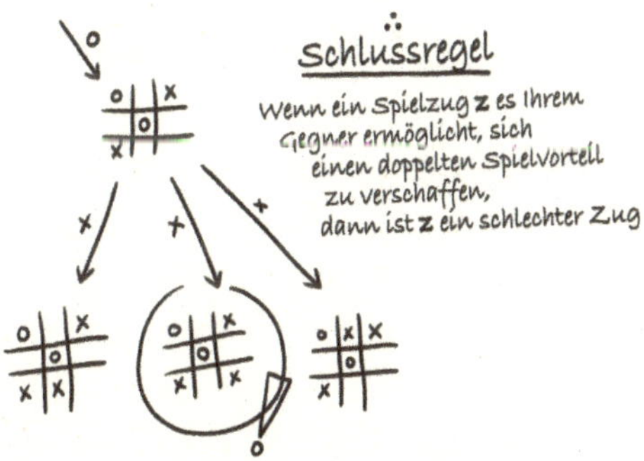

Ein weiteres supereinfaches Beispiel: eine geordnete Menge. Wenn man weiß, dass die Sonne älter ist als die Erde und die Erde älter als der Mond, dann weiß man natürlich auch, dass die Sonne älter ist als der Mond.

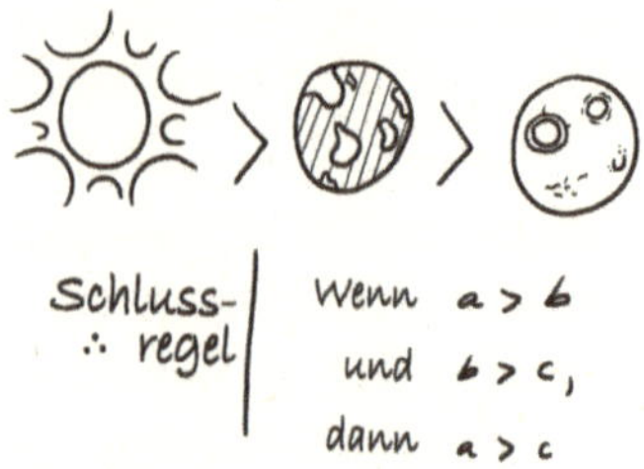

(Ich habe geordnete Mengen im letzten Kapitel nicht in unseren Katalog der Strukturen aufgenommen, aber es ist ein ziemlich intuitives Konzept, nicht wahr?)

In all diesen elementaren Systemen treffen wir unsere Annahmen gemäß solcher Schlussregeln. Ein System erlaubt bestimmte Muster der Deduktion, und wir können diese Muster als Inferenzregeln aufschreiben.

Jedes System hat seinen eigenen spezifischen Satz von Schlussregeln, die die spezifische Struktur des Wissens in diesem System widerspiegeln. Wenn Sie Schlussfolgerungen über ein Damespiel anstellen, werden Sie zwangsläufig einem anderen Satz von Schlussregeln folgen, als wenn Sie über Navigation oder soziale Bewegungen schlussfolgern. Die Beispiele, mit denen wir uns in der Mathematik befassen, sind immer schmucklos und vereinfacht, aber man kann sich vorstellen, dass auch ein komplizierteres System der realen Welt eine konsistente Logik hat, die sich in Form von Schlussregeln niederschreiben lässt.

In allen Systemen sieht die Grundform einer Schlussregel, einer Inferenzregel, etwa so aus:

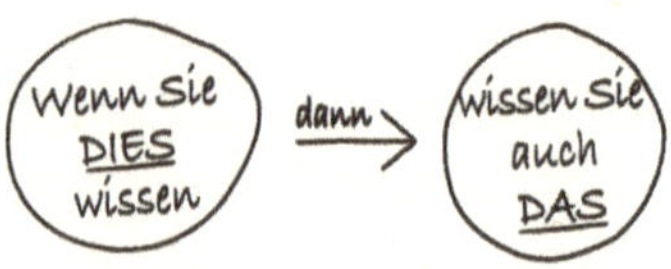

Schlussregeln sind eine einfache, aber ungeheuer leistungsfähige Sache. Sobald man eine Liste von Schlussregeln für ein System aufgeschrieben hat, hat man einen Schlüssel gefunden, mit dem sich neue Wissensbestände erschließen lassen. Es ist eine Kettenreaktion: Man nutzt *A*, um *B* abzuleiten, und dann benutzt man *B*, um *C* abzuleiten, und dann *D*, und *E* … Und dann stellen Sie vielleicht fest, dass *A* und *D* gleichzeitig wahr sind und dass das bedeuten muss, dass eine andere Aussage *P* ebenfalls wahr ist, wodurch eine weitere Kette von Schlussfolgerungen in Gang gesetzt wird, die sich dann wiederum mit anderen Ihnen bekannten Dingen kombinieren und multiplizieren lässt. Und wenn Ihnen nun jemand eine neue Tatsache erzählt, *Boom!*, verzweigt sich diese in ein dichtes Netz miteinander verbundener Wahrheiten.

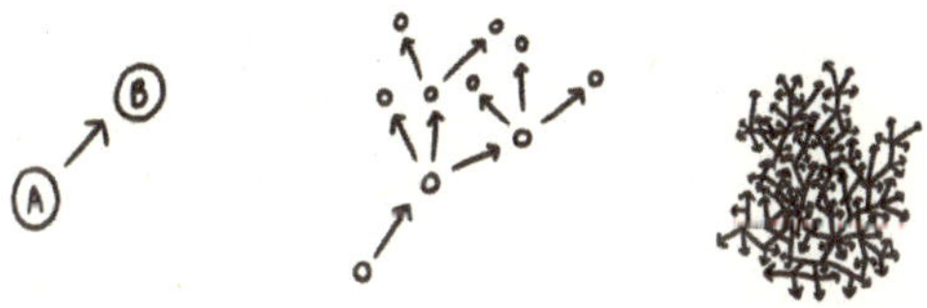

Ein Großteil der Algebra – sowohl der abstrakten Algebra als auch der Schulalgebra – besteht letztlich aus der sorgfältigen Anwendung strenger Schlussregeln. Denken Sie an Schulalgebra-Aufgaben, bei denen Sie nach x auflösen müssen. Als Ausgangspunkt erhalten Sie einen algebraischen Ausdruck, der irgendeine Tatsache über ein System darstellt. Dann beginnen Sie, indem Sie Schlussregeln anwenden: »Wenn jenes wahr ist, dann ist es auch dann noch wahr, wenn ich auf beiden Seiten *eins* addiere.« Jeder einzelne Schritt ist eine einfache Schlussfolgerung, und am Ende des Prozesses hat man irgendwie gelernt, was x ist.

Manchmal ist x einfach nur x. Bei den Mathehausaufgaben wird das Endergebnis eher keine höhere Bedeutung haben, sodass das Ganze sich manchmal völlig belanglos anfühlen kann. Aber dieselben formalen Ableitungsprozedere lassen sich auch in realen Szenarien einsetzen, und dort eignen sie sich tatsächlich dazu, neue, nützliche Informationen zu gewinnen. Ihr GPS, um nur ein Beispiel von Millionen zu nennen, misst Ihre jeweilige Entfernung zu drei verschiedenen Satelliten und verwendet dann geometrische Schlussregeln, um Ihren genauen Standort zu ermitteln.

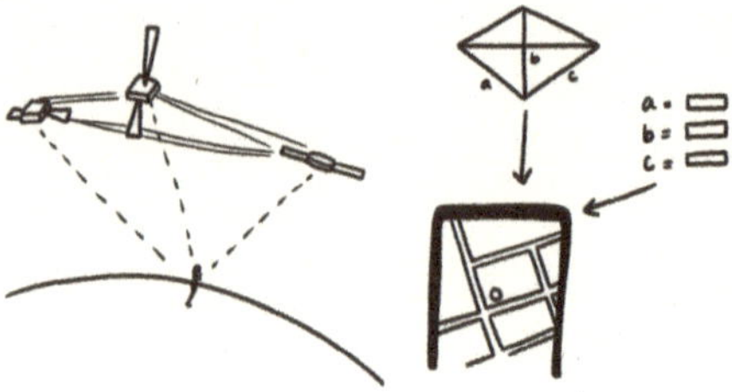

Unsere heutige Welt ist von diesen strengen, systematischen Deduktionsprozessen durchdrungen. Sie stecken in unseren Maschinen, sie sagen das Wetter voraus und geben Sicherheitswarnungen aus, sie verwalten Verkehrsnetze, Handelsnetze und Regierungsprogramme. Unternehmen verwenden Algebra, um ihre Gewinne zu maximieren, und Werbetreibende verwenden Algorithmen, um (mit verblüffender Genauigkeit) vorherzusagen, was wir kaufen wollen. Theoretische Physiker haben sogar abstrakte Algebra verwendet, um die Existenz subatomarer Teilchen - sogenannter Quarks - vorherzusagen, was spätere Experimente bestätigen konnten. Und das alles ist keine Entwicklung der Moderne: Ähnliche Systeme formaler Schlussfolgerungen wurden im Laufe der Geschichte von den meisten Kulturen der Welt verwendet, um die Bewegungen der Sterne am Himmel vorherzusagen.

Ich würde mich sogar ein klein wenig aus dem Fenster lehnen und behaupten, dass Mathematiker ein wenig zu vernarrt sind in das Konzept formaler Schlussregeln. Es dürfte klar sein, warum. Ein kleiner Kern von Wahrheiten kann zu einem dichten Wissensnetz heranwachsen? Erstaunlich! Stellen Sie sich nur vor, was Sie alles entdecken können, einfach nur indem Sie sich mit Papier und Stift bewaffnet hinsetzen! Sie können neue Wahrheiten über das Universum in Erfahrung bringen, indem Sie Regeln befolgen und Symbole hin und her schieben. Es ist, als ob man einen Dreisatz anwendete und dadurch etwas über das Wesen der Realität lernte.

Aber irgendwann haben sich die Menschen an dieser Idee berauscht und die Dinge aus dem Ruder laufen lassen. Sie fingen an, das Ganze von hinten aufzuzäumen. Man dachte sich: Wenn wir mithilfe von Schlussregeln aus weniger Wissen mehr Wissen machen können, dann können wir vielleicht jedes beliebige Bündel von Fakten nehmen und es auf einen kleinen Kern grundlegender Wahrheiten reduzieren, die alles Weitere implizieren.

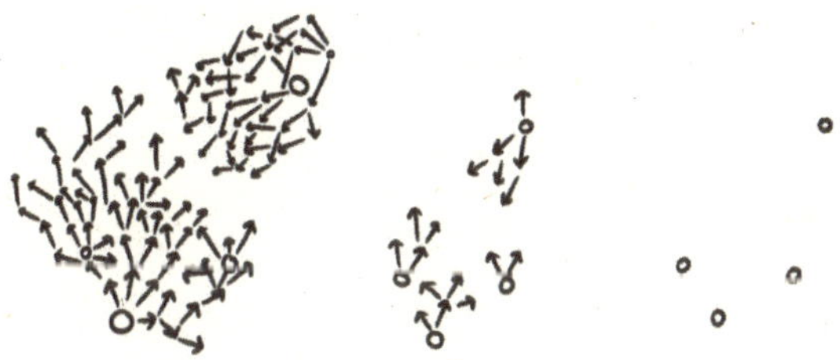

In einfachen mathematischen Systemen scheint dieser Reduktionstrick tatsächlich möglich zu sein. So konnten Mathematiker beispielsweise alle Fakten der Arithmetik auf die folgenden fünf Aussagen reduzieren:

Dies nennt man ein Axiomensystem (auch: axiomatisches System). Alles, was man über jede ganze Zahl wissen kann, über Multiplikation und Primzahlen und was sonst noch, lässt sich (theoretisch) aus diesen fünf Axiomen ableiten.* Man muss schon zugeben, dass das ziemlich beeindruckend ist. Es ist ein präzises und elegantes Einstiegspaket in die Arithmetik. Sie können herumstolzieren und sagen: »Ich weiß diese fünf simplen Dinge, und demzufolge weiß ich alles, was es über die Arithmetik zu wissen gibt.« Das ist ein machtvolles Gefühl, so als würde man ein Universum erschaffen, indem man ein paar Stöckchen aneinanderreibt.

In der Praxis würde man diese fünf Axiome niemals verwenden, um etwas Neues zu beweisen. Selbst grundlegende Fakten der Arithmetik sind unglaublich schwer zu beweisen, wenn man noch einmal ganz vorne bei den Axiomen anfangen muss, ohne dabei auf anderes Wissen zurückzugreifen. Schauen Sie sich doch einfach mal an, wie schwer es ist, zu beweisen, dass eins plus eins zwei ist:

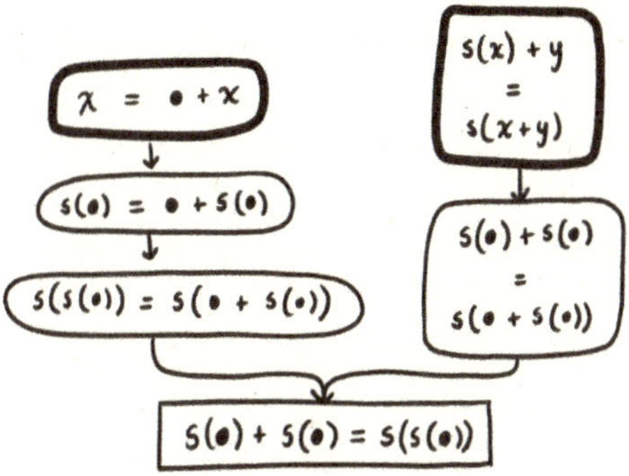

Diese Art von Beweis nennt man einen formalen Beweis. Man geht dabei von den Axiomen aus und darf ausschließlich Schlussregeln verwenden. Man kann sich nicht auf Intuition oder gesunden Menschenverstand verlassen, sondern nur auf Schlussregeln. Ja, man kann auf Fakten zurückgreifen, die zuvor anhand der Axiome bewiesen wurden, aber alles muss letztlich auf die Axiome zurückführbar sein. Das Ziel dieser Art von Beweis ist nicht, im rhetorischen Sinne überzeugend zu sein – formale Beweise sind zumeist nicht einmal lesbar –, sondern die eigene Behauptung innerhalb dieses starren und präzisen Systems akzeptierter Wahrheiten zu verorten.

Das ist innerhalb der mathematischen Gemeinschaft ein kontroverses Thema. In welchem Umfang sollten wir formale Beweise verwenden? Die Menschen glauben für gewöhnlich, dass formale Beweise vertrauenswürdiger sind als die informellen, intuitiven Argumente, mit denen wir in diesem Buch arbeiten. Formale Beweise folgen strengen Regeln und sind daher nicht so anfällig für menschliche Fehler. Aber viele Leute, vor allem Studenten, finden sie verwirrend und abschreckend, weil sie sich wie eine Fremdsprache lesen. Sie werden oft so prägnant wie möglich dargestellt, ohne dass erklärt wird, warum die einzelnen Schritte unternommen werden oder was das Gesamtargument ist.

Egal, auf welcher Seite man steht, eines ist klar: Formale Beweise haben die Oberhand gewonnen. In Klassenzimmern und informellen Umgebungen ist immer noch Platz für Intuition, aber die Beweise in Lehrbüchern und mathematischen Fachzeitschriften sind eher formaler Natur. Sie gehen nicht buchstäblich von Axiomen aus, sollen aber auf diese zurückzuführen sein. In der akademischen Mathematik hat es im letzten Jahrhundert eine konzertierte Aktion zur Axiomatisierung und Formalisierung des Fachs gegeben.

Mit welchem Ziel aber? Was bringt es uns, wenn wir es schaffen, jeden Beweis zu formalisieren? Vielleicht werden wir dadurch sicherer in Bezug auf unsere Theoreme. Vielleicht erhalten wir dadurch einen Einblick in Struktur und Wesen der Wahrheit. Vielleicht hilft es uns, Computer zu programmieren, um neue Beweise zu generieren. Vielleicht können wir, indem wir Beweise in mathematische Objekte verwandeln, Theoreme über Beweise selbst beweisen. Vielleicht ist es einfach nur ästhetisch ansprechend.

Es gibt jedoch etwas, das uns der Formalismus nicht bringen wird. Er wird es uns nicht ermöglichen, die Welt in »beweisbar wahr« und »beweisbar falsch« zu unterteilen. Das war einer der Hauptgründe für den ursprünglichen Vorstoß in Richtung Formalismus: Die Menschen dachten, dass wir damit einen systematischen, objektiven Weg finden würden, um festzustellen, ob eine Aussage wahr oder falsch ist. Diese Hoffnung hat sich dann auf dramatische und dauerhafte Weise zerschlagen.

Wissen Sie noch, dass ich behauptet habe, es gebe noch einen weniger bekannten dritten Status zwischen wahr und falsch? Ich bin jetzt bereit, Ihnen mehr davon zu erzählen.

Zwei Mathespiele

Das Münzspiel

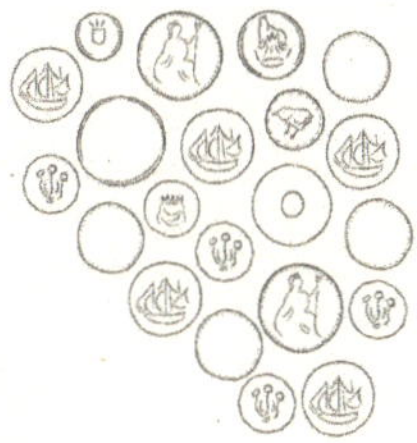

- Legen Sie einige Münzen auf einen Tisch
- Zwei Spieler wechseln sich ab
- Nehmen Sie, wenn Sie an der Reihe sind, ein oder zwei Münzen
- Wer die letzte Münze nimmt, hat gewonnen

Wie schwierig ist es, die Gewinnstrategie zu ermitteln? → *MITTELEINFACH*

Hündchen und Kätzchen

- Beginnen Sie mit zwei unterschiedlich großen Münzhaufen
- Zwei Spieler wechseln sich ab
- Nehmen Sie, wenn Sie an der Reihe sind, entweder:
    a) eine beliebige Anzahl von Münzen von einem der Haufen
    b) von beiden Haufen jeweils dieselbe Anzahl von Münzen

Wie schwierig ist es, die Gewinnstrategie zu ermitteln? → *MITTELSCHWER*

Das Vier-Farben-Theorem

Jede Karte kann mit vier Farben so eingefärbt werden, dass keine aneinandergrenzenden Länder dieselbe Farbe haben.

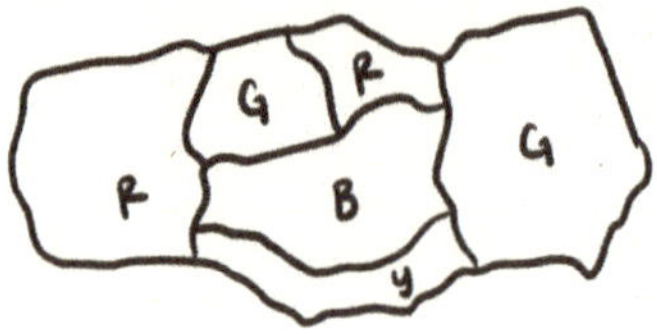

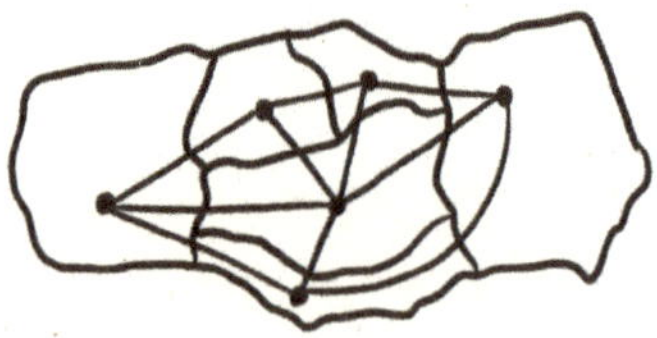

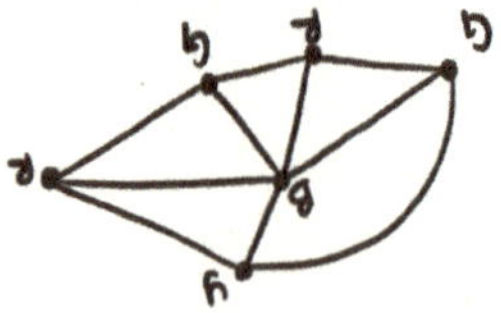

Das Vier-Farben-Theorem

Jeder Graph ohne Überschneidungen kann mit vier Farben so eingefärbt werden, dass keine miteinander verbundenen Knotenpunkte dieselbe Farbe haben.

Wie man einen Dodekaeder zeichnet

- Zeichnen Sie ein Fünfeck, bei dem alle Seiten und Winkel gleich sind
- Zeichnen Sie (in schwächeren Linien) ein weiteres identisches, aber auf den Kopf gestelltes Fünfeck in das erste Fünfeck hinein
- Zeichnen Sie von jeder Ecke aus eine kurze Linie, die weg vom Zentrum führt
- Verbinden Sie die äußeren Endpunkte dieser Linien mit zehn geraden Linien

Wie man einen Ikosaeder zeichnet

- Zeichnen Sie ein Sechseck, bei dem alle Seiten und Winkel gleich sind
- Zeichnen Sie von drei Ecken aus jeweils eine kurze Linie in Richtung des Zentrums
- Verbinden Sie die inneren Endpunkte dieser Linien miteinander, indem Sie ein Dreieck zeichnen
- Verbinden Sie die anderen drei Ecken des Sechsecks mit den beiden jeweils nächsten Eckpunkten des Dreiecks
- Optional: Wiederholen Sie alle Schritte (in schwächeren Linien) auf den Kopf gestellt

Grundlagen

Ein Dialog

Also: Einige Dinge können als wahr bewiesen werden, einige Dinge können als falsch bewiesen werden, und …

Moment mal, warten Sie. Hier ist doch was faul.

Mmh?

Na ja, vorhin haben wir uns Beweise für Dinge angeschaut. Wir haben eine Behauptung aufgestellt, dann wurde ein überzeugendes Argument präsentiert, das besagte, warum diese Behauptung wahr ist. Aber jetzt sagen Sie ständig Dinge wie »Es wurde bewiesen« und »Wie sich herausgestellt hat«. Was hat es denn damit auf sich?

Es gibt eine Menge durchzuarbeiten! Wir können uns nicht jeden Beweis einzeln ansehen. Ich habe persönlich ein paar schöne Beispiele ausgewählt, aber viele Beweise sind mühsam, und ich wollte Sie nicht mit langen Einzelfallgeschichten langweilen.

Aber Sie haben Beweise für diesen ganzen Kram gesehen? Und die waren absolut überzeugend, oder?

Die meisten, ja. Einige dieser Beweise sind wunderschön, und ich kann sie Ihnen zeigen, wenn Sie das möchten. Sie sind sehr überzeugend. Wasserdicht. Einige andere habe ich nicht persönlich gesehen, das gebe ich zu, aber ich weiß, dass diese Beweise existieren. Sie werden ständig zitiert und allgemein als wahre und vollgültige Beweise anerkannt.

Gültig nach wessen Urteil? Ich versuche nicht, Ihr Urteil infrage zu stellen oder so, ich will damit nur sagen, dass sich ständig irgendwelche Leute über irgendetwas uneins sind, und was die eine Person überzeugt, ist nicht immer auch für jede andere Person ein schlüssiger Beweis. Das Urteil der Geschworenen ist nicht immer einstimmig. Es scheint also, als wären sich die Leute – selbst die wirklich klugen mathematischen Köpfe – nicht immer einig darüber, was ein gültiger Beweis ist und was nicht.

Natürlich sind die Menschen nicht immer und in jeder Sache einer Meinung, aber wir reden hier ja nicht über eine Geschworenenjury in einem Gerichtssaal. Und niemand wird dafür bezahlt, eine bestimmte Seite zu vertreten. Wir arbeiten alle zusammen, um Wahrheiten zu bestimmen.

Ja, aber ...

Und außerdem ist Mathematik nicht annähernd so kompliziert wie die Dinge, über die man sich normalerweise streitet. Ich meine, wir reden hier über grundlegende Formen und Strukturen. Es gibt kein »Er sagt, sie sagt«. Es gibt nicht so viele Unwägbarkeiten.

Sicherlich, aber selbst bei einigen von den Beweisen, die Sie mir gezeigt haben, hat mich die Argumentation etwas verblüfft. Ich glaube, ich habe die Sachen verstanden, aber nicht unbedingt, weil das alles so glasklar gewesen wäre. Und diese langen, komplizierten Beweise, die Sie mir nicht mal zeigen wollen, ja von denen Sie einige selbst nie gesehen haben ... Wie soll ich dem vertrauen? Sie sehen schon selbst, dass das ein wenig unseriös wirkt, oder?

Ja, schon, auf jeden Fall.

Ich meine, hat es irgendwann auch mal einen »Beweis« gegeben, den alle akzeptiert haben und der sich dann als falsch herausgestellt hat?

Also ... Ja, tatsächlich gab es so was schon. Aber das ist wirklich die Ausnahme und nicht die Regel. Wir haben eine großartige Erfolgsbilanz dank Peer-Reviews und solcher Sachen. Wir sind sehr streng, wenn es um die Frage geht, was als gültiger Beweis gilt.

Aber vorgekommen ist es schon?

Ja, aber in einem signifikanten Sinne war das wirklich nur ein- oder zweimal der Fall.

Welches Theorem war es denn?

Das Vier-Farben-Theorem. Es besagt, dass sich die Länder auf einer Weltkarte mit nicht mehr als vier Farben so einfärben lassen, dass keine zwei benachbarten Länder je dieselbe Farbe haben. Auf jeder beliebigen Karte.

Und das stimmt in Wirklichkeit nicht? Es hat sich als falsch herausgestellt?

Nein, nein, es ist wahr! Aber es gibt einen Beweis dafür, den jemand vor langer Zeit entdeckt hat, einen schönen und relativ simplen Beweis, und er hat den Peer-Review bestanden, und alle waren zufrieden.

Und dann hat jemand einen Fehler entdeckt.

Richtig, der Beweis war ungültig. Es gab einen Fall, der übersehen worden war. Und die Leute versuchten, diesen einen Fall auszubessern, aber es gelang niemandem, und so war die ganze Sache wieder unbewiesen: das Vier-Farben-Problem.

Ja, aber woher wissen Sie dann, dass es wahr ist?

Weil es jetzt doch bewiesen wurde! Mithilfe von Computern. Ein völlig anderer Beweis, ein paar Hundert Seiten lang, ausgearbeitet mit hochbelastbarer Graphentheorie.

Aber Sie tun immer noch so, als wäre dieser neue Computerbeweis die ultimative Instanz, wenn es darum geht, was wahr ist. Was ist, wenn der Beweis sich wieder als falsch herausstellt? Sie müssen auf etwas Reales verweisen, sonst drehen Sie sich in Ihrer Argumentation ja nur um sich selbst. »Die Mathematik sagt, dass x wahr ist, und das stimmt, x ist wahr, weil die Mathematik das sagt.«

Sie glauben also, dass wir alle falschliegen? Alle, all diese Mathematiker, wir liegen alle systematisch und beim gleichen Thema falsch? Wie wahrscheinlich ist das denn?

Das ist doch schon mal passiert, oder nicht? Das kommt in der Geschichte tatsächlich häufig vor, dass alle bei derselben Sache systematisch falschliegen, weil einem jeder sagt, dass etwas wahr ist, und niemandem in den Sinn kommt, es zu hinterfragen, und man wird geächtet oder lächerlich gemacht, weil man denkt, dass es falsch sein könnte.

Okay ...

Und ich sage ja nicht, dass all diese Dinge falsch sind, also ganz und gar und objektiv falsch. Es ist nur eben alles kontextabhängig, nicht wahr? Kultur beeinflusst eindeutig, was wir für wahr oder augenfällig halten. Also besteht innerhalb der mathematischen Gemeinschaft ein Konsens darüber, welche Beweise sie als gültig anerkennt. Wunderbar! Befolgen Sie diese Regeln gerne, ich werde Sie nicht aufhalten. Ich sehe nur nicht ein, warum alle anderen das auch alles für bare Münze nehmen müssen.

Okay, zugegeben, der Kontext ist wichtig, und auch als Gruppe können Menschen systematisch falschliegen. Das ist in Bereichen wie Politik und Moral durchaus häufig der Fall, und natürlich passiert das auch in der Wissenschaft. Es gibt haufenweise Dinge, die früher wissenschaftlicher Konsens waren, Dinge wie Blutegel und gelbe Galle, ja es gab sogar ganze Wissenschaftsbereiche, die im Grunde genommen nur ein Haufen Leute waren, die ihre rassistische politische Ideologie in der Sprache der Wissenschaft aufgeschrieben haben.

Genau!

Aber ich glaube, die Mathematik ist anders. Wirklich! Lassen Sie mich wenigstens erklären, warum ich das glaube.

Ich höre.

Mit der Mathematik ist es nämlich so, dass sie niemals nur eine isolierte Kultur war; es geht nicht darum, Mathematik zu betreiben, um sich selbst zu bestätigen und Andersdenkende abzustrafen oder was auch immer. Soweit wir das beurteilen können, hat jede einzelne menschliche Kultur die Mathematik selbstständig für sich entdeckt. »Das ist überall auf der Welt dasselbe«, wie es so schön heißt.

Okay, guter Einwand.

Dinge wie Astronomie, Geografie und Navigation, Zählen und Aufzeichnen, Geometrie, Architektur, irgendwelche Formen von Geldwährung und Glücksspiel, eine Form logischen Denkens, Bewässerung, Messen und Bauen ... All diese Werkzeuge und Methoden wurden von so ziemlich jeder uns bekannten Gesellschaft separat entwickelt.

Klar, man kann nicht erwarten, dass wir alle zu blöd zum Zählen sind. Das wäre schwer zu bewerkstelligen.

Und ja, vielleicht sind es hier Knotenpunkte in einem Netzwerk und dort Strichmännchen, aber es sind alles dieselben Ideen. Die Sprache ist eine andere, die Notation ist eine andere, aber jeder hat mehr oder weniger dieselbe Mathematik.

Alles dieselben Ideen? Arithmetik, Geometrie, sicherlich ... Aber ist alles die gleiche Mathematik? Das ganze Zeug, das Sie über Symmetriegruppen und Vier-Farben-Theoreme, über Unendlichkeit und Kontinuen erzählt haben. Sie wollen sagen, dass jede Kultur exakt dieselben Konzepte einfach nur in ihre eigene Sprache übersetzt? Das ist schwer zu glauben.

Okay, die kurze Antwort darauf lautet: Nein.

Aha!

Weil jede Kultur andere Bereiche der Mathematik auswählt, auf die sie sich konzentriert! Die Maya haben sich sehr intensiv mit Kalendern beschäftigt, die Pythagoräer waren besessen von Verhältniszahlen. Das waren also die Bereiche, die letztendlich von ihnen vorangebracht wurden. Das hat natürlich mit unterschiedlichen Werten und Prioritäten zu tun, mit Ästhetik und anderen kulturellen Dingen. Das macht die Mathematik selbst aber nicht weniger valide! Wann immer sich mehrere Kulturen mit derselben Mathematik befassen, finden sie immer das Gleiche.

Immer?

Soweit ich weiß.

Hm. Welche Kultur soll das sein? Sie bedienen sich da bei einem bestimmten Mathematikkanon, stimmt's?

Wie meinen Sie das?

Wenn Sie sagen, dass die drei Hauptgebiete der Mathematik Topologie, Analysis und Algebra sind, dann meint das doch das Abbild einer bestimmten Kultur, oder? Und wenn Sie mir sagen, was bewiesen ist oder nicht, dann ist das die Meinung einer bestimmten Gesellschaft oder eines bestimmten Peer-Reviews.

Durchaus, durchaus. Was Mathematikkulturen anbelangt, so scheint mir, dass die heutig-modernen sich von den historischen unterscheiden. Heutzutage haben wir die Globalisierung, mit Flugzeugen, dem Internet und all diesem Kram. Wenn man in irgendeiner der großen Städte dieser Welt über »Mathematik« spricht, oder wenn man an irgendeiner renommierten Universität Mathematik studiert, ob nun in Nairobi, Schanghai oder Cambridge, dann wird man überall dasselbe lernen.

Aber trotzdem sprechen wir ja über eine Tradition. Diese moderne, globale Mathetradition – woher kommt die?

Nun, sie wurde dem Rest der Welt von Europa aufgezwungen, durch Kolonialisierung und Imperialismus. Aber die echte Mathematik, für sich selbst genommen? In Bezug auf Notationen und die Themen, auf die wir uns konzentrieren, und auf die spezifischen Methoden, die wir anwenden? Wenn man sich das mal anschaut, dann stammt so ziemlich alles aus der mathematischen Tradition der arabischen und afrikanischen Muslime.

Richtig! Dachte ich's mir doch! Ich meine, bei unseren Zahlen spricht man ja nicht umsonst von den arabischen Ziffern.

Ganz genau. Und »Algorithmus«, das Wort leitet sich von einem Namen ab, Muhammad al-Chwarizmi. Das ist wie bei der Litfaßsäule – Algorithmus bedeutet einfach »Das war al-Chwarizmis Idee«. Dasselbe bei Algebra: Dabei handelt es sich um die falsche Aussprache eines arabischen Wortes, *al-jabr*, für das es in keiner europäischen Sprache ein Wort gab. Es wurde verwendet, um zu beschreiben, wie man einen Term auf die andere Seite einer Gleichung zieht. Verstehen Sie, *aljebra*.

Das kommt also alles aus Afrika, ja?

In etwa aus der Gegend, die wir heute Nordafrika und den Nahen Osten nennen. Damals war diese Region noch nicht aufgeteilt. Es war einfach ein Netzwerk von Gesellschaften, die miteinander handelten und Ideen austauschten. Und während Europa ein halbes Jahrtausend lang damit beschäftigt war, die Wikinger und sich gegenseitig zu bekämpfen, herrschte in der muslimischen Welt eine lange Zeit des Friedens und des Wohlstands. Jede Menge Zeit, um sich zurückzulehnen und über Mathematik nachzudenken!

Damals entwickelten sie die meisten Techniken der Arithmetik und Algebra, die wir alle bis heute in der Schule lernen. Sie wissen schon, nach Unbekannten auflösen, Dezimalstellen, irrationale Zahlen, Polynome, quadratische Gleichungen und das Vervollständigen des Quadrats, all diese Sachen. Wenn man bedenkt, welchen Fokus wir heute haben, also die globale mathematische Kultur: Da dreht sich alles um Abstraktion, um den Umgang mit Symbolen und organisierten, algorithmischen Verfahren. Das hat seine Wurzeln in der muslimischen Tradition.

Aber man muss fairerweise sagen, dass keine Kultur jemals Mathematik in Isolation betrieben hat! Die »arabischen Ziffern« hat man damals von Hindu-Gelehrten übernommen, die ihre Mathematik in Sanskrit-Gedichten schrieben. Und China hatte den Abakus; wissen Sie, jeder fand einen Weg, Mathematik zu betreiben. Al-jabr ist nur eben das Konzept, das sich in Europa durchgesetzt hat und von dort in weitere Bereiche der Welt getragen wurde. An den besten Schulen Europas hat man über Jahrhunderte hinweg Übersetzungen arabischer Lehrbücher im Unterricht genutzt.

Das ist super. Es ist gut, zu wissen, woher das alles kommt. Aber ich habe trotzdem das Gefühl, dass Sie ein wenig ausweichen.

Ausweichen?

In Bezug auf die moderne, globale Mathematikkultur. Die Konzepte stammen also aus der islamischen Welt. Aber wie Sie ja auch sagten, sind sie dann von Europa aus in die Welt getragen worden. Und korrigieren Sie mich, wenn ich falschliege, aber mir scheint, wenn wir über moderne Mathematik sprechen - und ich meine damit nicht die klassischen Sachen wie das Lösen nach *x*, sondern diese verrückten Theoreme, die nur an der Universität gelehrt werden -, dann sind doch die meisten Leute, von denen man schon mal gehört hat, Europäer, oder etwa nicht? Und da werde ich definitiv hellhörig, wenn es darum geht, dass man mir weismachen will, dass wir hier über etwas Universelles, objektiv Wahres sprechen, das nicht in unserer Kultur wurzelt.

Na ja, ich bin kein Historiker, aber wir wissen beide, dass die letzten Jahrhunderte für die Menschen in den kolonisierten Ländern - und im Grunde sind das alle Länder außerhalb Europas - eine Zeit voller Gewalt und Unterdrückung waren. Viele Theoreme wurden zu einer Zeit bewiesen, als der größte Teil der Welt nicht einmal in die Nähe der Elfenbeintürme der Wissenschaft kommen durfte.

Genau! Und davon mal abgesehen: Wenn Ihre komplette Gesellschaft ausgemerzt und umgekrempelt wird, dann wird es vermutlich nicht Ihre Top-Priorität sein, sich irgendwo mit einem Stückchen Kreide hinzuhocken, um über Formen nachzugrübeln.

Das ist anzunehmen. Es ist wirklich ein Jammer, wie diese willkürlichen historischen Ereignisse uns um so viel potenzielles mathematisches Talent gebracht haben. Immer wenn ich die Biografie irgendeines berühmten männlichen Mathematikers lese, frage ich mich, wie die Geschichte wohl verlaufen wäre, wenn er zur selben Zeit als Mädchen aufgewachsen wäre?

Ein deprimierender Gedanke. Mathematik ist ganz offensichtlich eine mächtige Sache, daher ist es wenig überraschend, wenn Menschen versuchen, sie an sich zu reißen und darin etwas Exklusives zu sehen.

Was für ein seltsamer Drang. Der ganze Sinn der Mathematik ist doch, dass sie etwas vollkommen Universelles sein soll!

Okay, verstehe schon. Nehmen wir also an, Sie haben recht und die Mathematik ist tatsächlich etwas vollkommen Wahres, und dass sie von weißen Jungs dominiert wird, ist nur eine Art Unfall der jüngeren Geschichte, der politische Gründe hat.

Richtig.

Entsteht dann dadurch nicht trotzdem eine Voreingenommenheit? Ich meine, wenn hauptsächlich weiße Jungs im Raum sind, um Arbeiten zu begutachten und Tests zu bewerten, hat das dann nicht Auswirkungen darauf, was gelehrt wird und was als wahr akzeptiert wird?

Ich verstehe immer noch nicht, wie das an der zugrunde liegenden Mathematik etwas ändern sollte …

Wirklich? Wie könnte es das nicht?

Vielleicht können wir uns darauf einigen: Ich kann mir vorstellen, wie sich das auf die spezifischen Dinge auswirken könnte, die untersucht und priorisiert werden; und möglicherweise wirkt es sich auch tatsächlich darauf aus, welche Arten von Ideen die Leute haben oder eben nicht haben. Aber die Mathematik selbst war immer schon vorhanden. Ich glaube daran, dass, wenn man beweist, dass etwas wahr ist, es auch wirklich wahr ist.

Hm.

⊠

Also gut, erzählen Sie mir von dieser Sache, die zwischen wahr und falsch liegt.

Okay, wunderbar – ich glaube, das wird Ihnen sogar gefallen. Es untermauert Ihren Standpunkt, dass Mathematik etwas Erfundenes sein könnte.

Ich bin ganz Ohr.

Sie sollten aber wissen, dass dieses Ergebnis für die Mathematiker von damals eine große Sache war. Es erschütterte ihre Vorstellung von der Mathematik als perfekter, makelloser Kristall aus wahren und falschen Behauptungen. Es fügte eine gewisse Unklarheit hinzu, die kaum ein Mathematiker von Rang anerkennen wollte. Wir haben uns davon immer noch nicht vollständig erholt.

Also gut, worüber sprechen wir? Was gibt es außer wahr und falsch?

Moment, ich möchte zuerst etwas Kontext geben. Ich muss die Szene abstecken.

Gut, na klar.

Das alles passiert vor etwas mehr als hundert Jahren. Der Höhepunkt des Imperialismus, der zu den beiden Weltkriegen führt. Die meisten der beteiligten Personen sind wahrscheinlich das, was Sie erwarten würden: ein Haufen reicher weißer Männer, die mit teuren Lehrern und viel Freizeit aufgewachsen sind. Ein paar Könige und Grafen mischen auch noch mit.

Klingt tatsächlich, wie man sich das so vorstellt.

In der Mathematik machte sich zu dieser Zeit eine leichte Panik breit. Es ging grob gesagt um die Dinge, von denen auch Sie gesprochen haben: »Woher wissen wir, dass irgendetwas davon wahr ist?« Das war etwa zu der Zeit, als die abstrakte Algebra so richtig aufblühte, als es all diese Forschungen zur Tiefenstruktur und zur Natur der Logik selbst gab. Ein großer Teil der Mathematik wurde auf Axiome, formale Systeme, Punkte und Linien reduziert, auf das Herumschieben mysteriöser Symbole nach geheimen Regeln. Und die Leute fingen an, sich zu fragen: Was geht hier vor sich?

Das ergibt Sinn. Wenn man von grundlegenden, intuitiven Argumenten weggeht, hin zu diesen formalen Abstraktionsspielen, dann wird man immer unsicherer, ob das, was man tut, auch wirklich richtig ist.

Genau, es wird irgendwie unheimlich. Wieso funktioniert das?

Schon cool, dass diese Leute zugegeben haben, dass sie Bedenken hatten.

Nun ja, das haben nicht viele von ihnen getan, aber es braucht nur ein oder zwei Leute, um Probleme auf den Tisch zu bringen. Da war dieser eine holländische Topologe, der öffentlich anfing, Dinge zu sagen wie »Die Mathematik ist eine Erweiterung der menschlichen Intuition«, und alle möglichen peinlichen philosophischen Behauptungen, die die Legitimität und das Ansehen der formalen Mathematik in Gefahr brachten.

Und die anderen Mathematiker waren stinkwütend! Einige von ihnen sorgten dafür, dass dieser Topologe aus dem Vorstand der *Mathematischen Annalen* - das war eine der weltweit wichtigsten mathematischen Fachzeitschriften, verlegt in Deutschland - ausgeschlossen wurde. Sie wollten nicht, dass er andere Leute beeinflusste und diese blasphemischen Ideen verbreitete.

Aber untergräbt denn nicht genau so etwas die Legitimität des Ganzen? Wenn die Mathematik durch solch kleinliche Machtspielchen beeinflusst werden kann?

Richtig, aber das sollte nie das letzte Wort in dieser Angelegenheit sein. Es war eine vorübergehende Lösung, um etwas Zeit zu gewinnen. Letztendlich ging es diesen Leuten darum, ein für alle Mal zu beweisen, dass die mathematische Beweisführung bei Wahr-oder-falsch-Fragen die letztgültige Instanz ist.

Sie wollten also beweisen, dass Mathematik echt ist, und zwar womit? Mit Mathematik?

Ich weiß schon, im Nachhinein scheint es ziemlich verrückt, dass man damals dachte, das würde funktionieren.

War das denn aber nicht offensichtlich? Ich habe den Eindruck, dass die alle sofort das Problem erkannt haben müssten.

Na ja, so einfach ist das nicht. Sie haben ja nicht versucht, zu beweisen, dass Mathe »echt« ist – das hätte nicht wirklich etwas bedeutet. Menschen nutzen ständig Mathematik, und das scheint immer zu funktionieren, also ist sie in diesem Sinne schon ziemlich echt.

Was man tun wollte, war, ein stabiles Fundament für die Mathematik zu schaffen, ein felsenfestes Fundament, auf das sich alles andere stützen kann. Bis dahin hatte das Konzept des »Beweises« auf Intuition beruht: »Ist das überzeugend?« Das fühlte sich allmählich fadenscheinig und fehleranfällig an, vor allem, wenn man es mit seltsamen, abstrakten Objekten zu tun hatte. Also wollte man zu einer neuen, strengen Form des Beweises übergehen, etwas Organisiertes und Systematisches, das nicht davon abhängig sein sollte, wer den Beweis erbringt.

Sie wollten Intuition und Subjektivität aus dem Spiel nehmen – ist es das, was Sie damit sagen wollen?

So könnte man es auch ausdrücken, sicher.

Ich sehe nicht, wie das möglich ist. Man kann eine neue Art von Beweis erfinden, mit einem Haufen starrer Regeln, aber es müssen sich ja trotzdem alle einig darüber sein, was diese Regeln sind. Es ist nicht so, dass sie vom Himmel gefallen sind – Menschen haben sie auf Grundlage von Intuition und Subjektivität erfunden.

Okay, aber hier ist der Haken an der Sache. Man hatte die Idee, sich nach oben durchzuarbeiten, ausgehend von der grundlegenden Logik.

Hm. Können Sie das etwas ausführlicher erklären?

Ja, also man kann prinzipiengetragene Meinungsverschiedenheiten darüber haben, was als formaler Beweis gelten soll. Vielleicht halten Sie diese neumodischen Computerbeweise für unzuverlässig. Oder vielleicht denken Sie, dass wir mit der Unendlichkeit keinen Unfug machen sollten, weil wir nicht wirklich wissen, wovon wir da reden, und weil deshalb Beweise, die unendliche Mengen beinhalten, nicht vertrauenswürdig sind.

Ja, es gibt viel Raum für Meinungsverschiedenheiten.

Auf jeden Fall. Es wurde schon behauptet, dass irrationale Zahlen nicht wirklich existieren. Manche Leute finden sogar *Bruchzahlen* schon ein wenig suspekt und sind der Meinung, wir sollten uns an ganze Zahlen halten!

Das ist wirklich witzig. Das ist eigentlich sogar richtig interessant; ich würde gerne mal mit jemandem reden, der so denkt.

Aber die Idee dahinter ist: Je näher man am Fundament bleibt, desto stabiler steht man. Wir sind uns ziemlich sicher, dass die Grundrechenarten legitim sind, oder?

Obwohl ich mir sicher bin, dass sogar da irgendwer widersprechen würde.

Tatsächlich, ja, es gibt einen Mathematiker, der behauptet hat, dass selbst ganze Zahlen nur bis zu einer bestimmten Höhe gehen, dass es also keine *wirklich* großen Zahlen gibt. Aber niemand glaubt, dass diese Idee wirklich stichhaltig ist.

Der Plan dieser weithin anerkannten Mathematiker jedenfalls lautete, quasi noch mal bei null anzufangen. Ausgehend von den absoluten Grundlagen, die sie als Logik nullter Ordnung bezeichneten, wollten sie die gesamte Logik erster Ordnung beweisen, dann die elementare Arithmetik, und mit den Ergebnissen wollten sie dann Beweise über die irrationalen Zahlen anstellen, dann sollten die imaginären Zahlen folgen, und auf diese Weise wollten sie jede bekannte mathematische Wahrheit innerhalb dieses einen robusten Systems beweisen, eine nach der anderen.

Und dann müssten all die Zweifler und Hater einen sehr netten förmlichen Entschuldigungsbrief aufsetzen.

Sie wollten jedes einzelne Theorem in Bezug auf die grundlegende Logik neu beweisen?

Es ist nicht so schlimm, wie es klingt. Ein niedrigeres Forschungsfeld kann ein höheres gewissermaßen »verschlucken«. Es finden sich Wege, jeden Beweis aus dem höheren Bereich in einen Beweis aus dem niedrigeren Bereich zu übersetzen, indem man einfachere Objekte und Regeln anwendet. Und dann immer so weiter, bis hinunter zur grundlegenden Logik.

Okay, das klingt nachvollziehbar. Aber was ist, wenn jemand nicht an grundlegende Logik glaubt?

Ernsthaft? Sie glauben nicht einmal, dass *Logik* objektiv wahr ist? »Wenn *P* falsch ist, dann ist ›nicht *P*‹ wahr« – dem widersprechen Sie?

Nein, mich meine ich damit nicht! Ich glaube an Logik. Und es ist für mich kein Problem, wenn Sie von einer zugrunde liegenden Logik ausgehen, da es so klingt, als würden Sie ohnehin in eine Richtung argumentieren, die meine Seite unterstützen wird.

Aber genau das ist der Punkt: Sie müssen ja immer noch irgendeine Annahme treffen! Nichts lässt sich einfach so aus der Luft heraus beweisen. Irgendwo muss man anfangen, mit irgendeiner Grundvoraussetzung, und die entstammte Ihrer Intuition.

Aber sollten wir nicht ab einem gewissen Punkt einfach davon ausgehen, dass die Grundlagen so etwas wie den gesunden Menschenverstand abbilden? »*A* impliziert *B*, weshalb das folgerichtig auch für alle gleichen Fälle gilt? Wäre das etwa nicht okay?

Es bleibt immer noch eine Annahme.

Gut. Sie haben recht, einem Sturkopf kann man nichts beweisen. Wen die zugrunde liegende Logik nicht überzeugt, der wird sich auch vom ganzen Rest dieses Programms nicht überzeugen lassen.

Aber das ist Ihr Pech! Sehen Sie nur, was Sie sich entgehen lassen! Wenn dieser »Von null ausgehen«-Plan – dieses Bootstrapping-Projekt also – erfolgreich ist, dann haben wir damit jede wahre mathematische Tatsache in einen beständigen Rahmen, in eine sauber aufgebaute Struktur gebracht.

Was ja nicht schlecht ist, denn das wäre ja an sich schon ein lohnendes Ziel.

Genau, und wäre das nicht absolut überzeugend? Ein dicht bestücktes Wissensgitter, das jede wahre Aussage enthält!

»Der Baum der Erkenntnis im Garten von richtig und falsch«.

Ganz genau so! Und das wollen Sie jetzt ablehnen, weil Sie nicht an Logik glauben? Also bitte!

Also schön. Ich verstehe schon, worauf Sie hinauswollen. Wenn man sich auf ein paar Prinzipien grundlegender Logik einigt, dann hat man dieses große System mathematischen Wissens, auf das man sich gemeinsam berufen kann.

Und: Mathematik ist die Grundlage für Physik, die wiederum die Grundlage für Chemie und Biologie ist, die wiederum das Fundament unseres menschlichen Verhaltens sind, und so weiter und so fort. Wir könnten dadurch imstande sein, uns von den Grundlagen der Logik zu *jedem* beliebigen Thema »hochzuarbeiten«. Es könnte möglich sein, alle wahren Fakten in einem einzigen Baum zusammenzufassen. Und damit könnten wir uns endlich einen objektiven Block auf alles verschaffen - einen Zustand, in dem Objektivität nicht mehr eine komplexe, verschwommene Sache ist, sondern definiert werden kann, als »genau das, was in diesem mathematischen Baum der Wahrheiten steht«.

So zumindest die Idee dahinter.

Ich kann mir vorstellen, dass das eine Vorstellung ist, nach der man sich quasi die Finger leckt, vor allem, wenn wir über einen gräflichen Klüngel sprechen, dem es mehr oder weniger darum ging, mit allem recht zu haben.

Na gut, also diese Jungs, diese Adligen und Gelehrten, rollen das Feld also noch mal ganz neu auf. Und sie machen ihre Sache ziemlich gut. Sie finden heraus, wie man reelle Zahlen in ganze Zahlen umwandeln kann, und sie erhalten alle ganzen Zahlen nur aus der Null und indem sie von ihrer »Plus eins«-Sache ausgehen.

Das ist ziemlich cool.

Die bringen da wirklich ordentlich was zustande. Sie kommen bis zu einem Punkt, an dem sie fast fertig sind. Es gibt nur noch einen Schritt zu tun.

Wow, einen Schritt nur? Also, die haben wirklich fast alles zusammengetragen, was die grundlegende Logik anbelangte, hatten Berechnungen und all das?

Na ja, sie haben ja auch eine Menge Freizeit zur Verfügung.

Was ist dieser letzte Schritt?

Sie müssen beweisen, dass die Arithmetik vollständig ist. Also ihre Version davon, diese winzig kleine Version, die sie aus null und »plus eins« gebaut haben. Sie müssen beweisen, dass diese Version gut genug erdacht ist, um *alle* Wahrheiten der Arithmetik zu beweisen.

Okay. Ich wüsste nicht, wie man so etwas beweisen kann, aber in Ordnung, das war also der eine Schritt, der noch fehlte.

Und unsere Herren sind schon ganz aufgeregt, sie haben die Champagnerflaschen bereitstehen. Sie glauben wirklich, dass sie es schaffen werden! Die gesamte Mathematik, hergeleitet aus nur sechs Axiomen und vier Schlussregeln. Das war ein kulturelles Phänomen in diesen Kreisen. Sie schrieben Bücher mit Titeln wie *Principia Mathematica*. Und natürlich gab es Leute, die sie für verrückt erklärten, die sagten, dass sie das niemals schaffen würden, dass das alles sinnlos sei. Aber auf die hörte niemand, weil sie nicht im Vorstand der *Mathematischen Annalen* saßen.

Was ging also schief?

Es war eine Katastrophe. Eine Schmach. Und der Angriff kam aus ihren eigenen Reihen.

Drama!

Ein Kerl namens Gödel ... derselbe Typ jedenfalls, der auch bewiesen hatte, dass ihre Version der Logik erster Ordnung vollständig war. Ein großer Held! Er war in seinen Zwanzigern, als er diesen Beweis erbrachte, hatte also noch reichlich Zeit für eine weitere weltbewegende Erkenntnis. Und so wie es schien, würde er in der Lage sein, nun auch die Vollständigkeit der Arithmetik zu beweisen.

Lassen Sie mich raten: Er hat dann aber den Beweis dafür erbracht, dass ihr kleines Modell der Arithmetik unvollständig ist.

Um Längen schlimmer.

Was hat er getan?

Er hat bewiesen, dass *jedes mögliche* Modell der Arithmetik unvollständig ist.

Und daher ...

Daher ist das ganze Projekt unmöglich. Kein neues Aufrollen der ganzen Sachen. Man kann nicht alle Wahrheiten der Mathematik innerhalb eines formalen Systems beweisen. Man kann nicht einmal alle Wahrheiten der Arithmetik innerhalb eines formalen Systems beweisen.

Wow. Und wie beweist man das?

Mit der gleichen Art von Beweisführung, mit der man auch beweist, dass das Kontinuum nicht in eine Liste passen kann. Man nimmt ein beliebiges System, das angeblich alle Wahrheiten der Arithmetik enthält, und dann findet man eine Wahrheit, die darin fehlt. Im Grunde genommen sucht man nach einem Satz, der besagt: »Diese Aussage kann anhand der Axiome nicht bewiesen werden.«

Hm … okay, hübsch. Ich kann mir vorstellen, wie das in etwa laufen würde.

Und hätte man versucht, die fehlende Wahrheit als neues Axiom hinzuzufügen, hätte man anschließend einfach den gleichen Prozess wiederholen und einen neuen Satz finden können, der besagt: »Die Aussage kann mit diesen Axiomen nicht bewiesen werden.«

Ah, natürlich. Aber was das Wichtigste ist: Alle anderen haben zugestimmt und seinen Beweis als gültig anerkannt?

Oh ja, durchaus. Darum kam niemand umhin. Es stand so viel auf dem Spiel, und niemand konnte einen Fehler in Gödels Logik finden. Sie war hieb- und stichfest. Sie mussten es so veröffentlichen.

Wow, Respekt dafür.

So viel also dazu. Der Traum war geplatzt. Sie mussten die *Principia Mathematica* beiseitelegen und weit von sich schieben, dorthin, wo niemand sie je finden würde. Einige von ihnen gaben die Mathematik auf und wandten sich der Philosophie zu. Andere befassten sich mit formaler Semantik, Linguistik und Rechentheorie … Sachen, aus denen sich später die ersten Programmiersprachen entwickelten.

Das überrascht nicht wirklich - diese Axiomensysteme klingen danach, als gäbe es da eine Verwandtschaft zu den Programmiersprachen. Es geht immer um irgendwelche *Wenn-dann*, es gibt viele Variablen, strenge Regeln.

Und auch Algorithmen. Sie hatten bereits Schritt-für-Schritt-Algorithmen dafür ausgearbeitet, wie sie dieses perfekte Bootstrapping-System verwenden würden, um automatisch neue Wahrheiten zu generieren. Die frühen Computer, das waren ja keine Geräte, auf denen man sich Bilder voneinander angucken wollte. Sie sind designt worden, um systemische Berechnungen solcher Art anzustellen. Das waren eben Rechner, im wahrsten Sinne des Wortes.

Also gut, sehr schön. Eine nette Geschichte. Diese Leute hätten fast eine automatische Wahrheitsmaschine gebaut, dann aber doch nicht, weil das unmöglich ist.

Was ist nun also der Status zwischen wahr und falsch?

Nun, ich sollte nicht so rein sachlich sagen: »Es gibt da etwas zwischen wahr und falsch.« Die Leute streiten sich endlos darüber, was der Gödel-Beweis bedeutet und wie man ihn interpretieren sollte. Was glauben Sie denn, was er bedeutet?

Was bedeutet?

Die Idee, dass kein formales Beweissystem imstande ist, alle mathematischen Wahrheiten zu beweisen.

Hm.

Ich schätze, schockieren kann mich das nicht. Man kann über allgemeingültige Wahrheiten und objektive Beweise reden, und vielleicht existiert dieses Zeug ja auch - wer weiß das schon, möglich ist es! Aber in der Praxis bezieht sich der Begriff, der konkret angewandte Begriff »Beweis«, immer auf das, was die Menschen eben überzeugend finden. Und *das* basiert auf Intuition, Subjektivität und sozialem Kontext, daran führt kein Weg vorbei.

Es hat außerdem immer schon Gruppen von Menschen gegeben, die glaubten, sie hätten recht, oder etwa nicht? Nicht in dem Sinne, in dem jeder glaubt, er habe recht, sondern in einem Sinne, in dem sie *wirklich* überzeugt sind, recht zu haben. Objektiv. So, dass Gott persönlich einem zustimmen würde. Und diese Menschen haben sich richtig reingehängt, um zu beweisen, dass das alles nicht nur in ihren Köpfen stattfindet und dass jeder, der anderer Meinung ist, sich irrt. Und am Ende haben diese Leute dann meistens ziemlich dumm ausgesehen.

Die Herren haben also versucht, die Intuition aus der Mathematik herauszunehmen und die Wahrheit auf eine Formel zu reduzieren. Das ist kühn, das gebe ich zu. Es scheint aber, als hätten sie alle nötigen Mittel zur Verfügung stehen gehabt, um ein bestmögliches Arbeitsergebnis zu erzielen. Aber gelohnt hat es sich ja offenbar nicht. Für mich bedeutet das, dass die Wahrheit eine schlüpfrige Sache ist und eben nicht den menschlichen Vorstellungen von Ordnung und Kontrolle entspricht.

Das ist eine vollkommen zulässige Sichtweise, und ich verstehe, wie Sie zu dieser Position gelangen.

Und was ist mit Ihnen? Wie interpretieren Sie Gödel?

Na ja, ich bin unentschieden.

Möglicherweise bin ich da altmodisch, aber ich glaube immer noch, dass Mathematik *wahr* ist! Und ich glaube, dass die Mathematik uns viel darüber lehrt, was Wahrheit ist und welche Art von Struktur oder Rhythmus sie hat. Ich glaube, dass Beweise wichtig sind, dass Logik wichtig ist, dass es sich bei beidem nicht nur um törichte Versuche handelt, die Realität nach unserem Willen zu formen. Ich glaube daran, dass sie tatsächlich etwas darüber aussagen, wie das Universum zusammengehalten wird.

In der Mathematik sind einige Dinge nachweislich wahr und einige Dinge nachweislich falsch. Und Gödel zufolge gibt es darüber hinaus noch Dinge, die weder das eine noch das andere sind. Einige Dinge lassen sich nachweisbar nicht nachweisen. »Unabhängig von den Axiomen der ZFC-Mengenlehre«, wie es unter Mathematikern so schön heißt. Fragen ohne Antworten, und zwar nicht deshalb, weil wir sie noch nicht gefunden hätten - der Wahrheitswert ist schlicht unbestimmt.

Damit bleiben uns zwei Möglichkeiten, und beide sind schlecht. Wir können sagen, dass es tatsächlich eine dritte Kategorie gibt: *unwissbar*, vielleicht, oder eben unbestimmt. Oder aber wir müssen akzeptieren, dass Wahrheit und Beweisbarkeit keine identischen Kategorien sind, dass es also wahre Aussagen gibt, die niemals bewiesen werden können, und dass unsere einzige Möglichkeit, auf sie zuzugreifen, Wischiwaschi-Ansätze sind, wie zum Beispiel »metaphysische Intuition«.

Aber das ist nur meine Sichtweise, und wir können uns darauf einigen, dass wir uns nicht einig sind.

Tja, das immerhin hört sich doch an, als wären wir uns einig.

Das sind wir definitiv nicht!

⊠

Ein paar Mathematikphilosophien

Platonismus ... geht davon aus, dass mathematische Objekte in einer Art »platonischem Reich« tatsächlich existieren.

Intuitionismus ... begreift die Mathematik als eine Erweiterung der menschlichen Intuition und des logischen Denkens.

Logizismus ... begreift die Mathematik als eine Erweiterung der Logik, die objektiv und universell ist.

Empirismus ... geht von der Annahme aus, dass die Mathematik wie die Naturwissenschaft ist: Sie muss getestet werden, um geglaubt zu werden.

Formalismus ... begreift Mathematik als Spiel mit symbolischen Manipulationen, das keine tiefere Bedeutung hat.

Konventionalismus ... besagt, dass Mathematik die Menge der vereinbarten Wahrheiten innerhalb der mathematischen Gemeinschaft ist.

Ein Logikrätsel

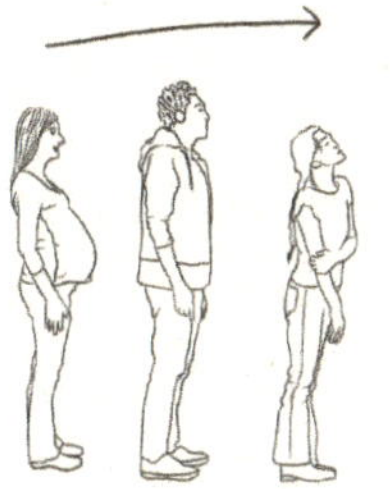

Drei sehr logisch veranlagte Menschen stehen in einer Reihe, sodass sie jeweils nur sehen können, wer vor ihnen steht.

Eine Hutverkäuferin zeigt ihnen drei weiße und zwei schwarze Hüte. Sie setzt jeder Person einen Hut auf und versteckt die beiden anderen Hüte.

Sie fragt: »Weiß jemand von Ihnen, welche Farbe der Hut hat, den Sie tragen?«

Keine Antwort.

»Weiß jetzt jemand von Ihnen, welche Farbe der Hut hat, den Sie tragen?«

Keine Antwort.

»Und weiß jetzt jemand von Ihnen, welche Farbe der Hut hat, den Sie tragen?«

Eine Person antwortet. Welche Person ist es, und welche Farbe hat der Hut, den die Person trägt?

Die Person auf der rechten Seite hat einen weißen Hut.

Ein schwierigeres Logikrätsel

Drei Drillingsschwestern bewachen drei identisch aussehende Türen.

Die jüngste Schwester lügt immer. Die älteste sagt immer die Wahrheit. Die dritte Drillingsschwester ist eine kleine Schwindlerin und antwortet, wie es ihr gerade beliebt.

Hinter der Tür der Schwindlerin wartet das sichere Verderben. Die anderen Türen sind Ausgänge.

Sie dürfen nun eine Frage an die drei Schwestern stellen um herauszufinden, welche der Türen Sie wählen müssen.

Was tun Sie?

Fragen Sie die drei Drillingsschwestern: »Welches Ihrer Geschwister ist das jüngste?« und wählen Sie die Tür hinter dem Drilling, auf den sie zeigen.

Modellierung

Modelle

Automaten

Naturwissenschaft

Modelle

Schon gut, schon gut, ich habe verstanden. Sie fragen sich, was das alles für einen Sinn haben soll, richtig? Axiome, doppelte und dreifache Tori, Kontinuum-Summen, Tapetensymmetrien. Aber wozu? Oder, um die Frage in den Raum zu stellen, die Mathematikstudenten überall auf der Welt zu allen Zeiten so schön unumwunden formuliert haben:

Ich habe bisher vermieden, diese Frage direkt anzusprechen, weil – und ich verspreche, dass ich Sie zum letzten Mal daran erinnern werde – professionelle Mathematiker sich wirklich nicht für Anwendungen in der realen Welt interessieren. Das ist die Domäne der *angewandten* Mathematik, und die ist das Gegenteil der *reinen* Mathematik, was Ihnen ein Gefühl dafür vermitteln sollte, wie das

Wort »angewandt« zu klingen hat. Aber nachdem wir bereits die drei Hauptzweige der reinen Mathematik sowie ein wenig Geschichte und Philosophie durchgenommen haben, liegen immer noch ein paar Seiten vor uns. Also widme ich mich besagter Frage und werde ein, zwei Dinge über die angewandte Mathematik sagen, selbst wenn mir das Ärger mit der Hardcore-Fraktion einbringen sollte, die dieses Zeug »aus dem echten Leben« für irrelevant und ablenkend hält.

In diesem letzten Abschnitt geht es insbesondere um Modellierung – gemeint ist der Prozess zur Erstellung eines mathematischen Modells. Mithilfe von Modellen erschafft man die Verbindung zwischen der Mathematik und der realen Welt. Natürlich taucht Mathematik auf viele verschiedene Arten in der realen Welt auf, aber Modellierung ist so etwas wie ein allgemeiner Rahmen, der uns all diese Verbindungen klar erkennen lässt. Sie ist eine bequeme Möglichkeit, über Verbindungen zu sprechen, damit wir sie weiter erforschen und Neues lernen können.

Ein Modell besteht aus zwei Hauptbestandteilen. Da ist zum einen die Funktionsweise des Modells an sich: eine Reihe interner mathematischer Regeln, die festlegen, wie alles innerhalb der abstrakten Modellwelt funktioniert. Und dann (das ist der wichtige Teil) gibt es eine Art Übersetzungsprozess, der das Modell wieder mit der Außenwelt verbindet.

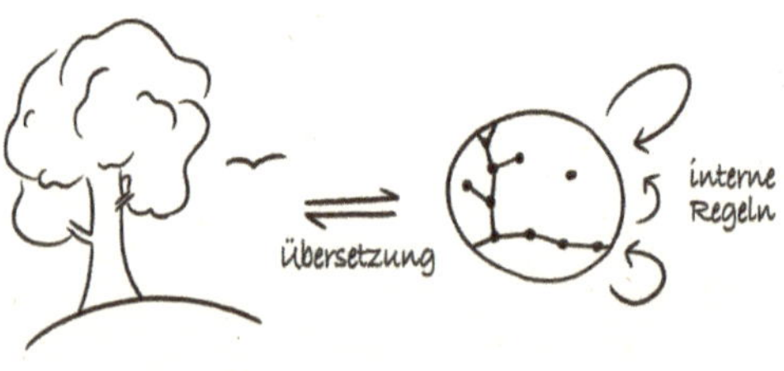

Natürlich bin ich jetzt über alle möglichen wesentlichen Details hinweggestiefelt, aber selbst aus dieser groben Beschreibung können Sie ersehen, was eine solche Anordnung uns ermöglichen würde. Wir könnten eine Beobachtung aus der realen Welt in die Sprache des

Modells übersetzen, dann den internen Gesetzen des Modells folgen, um neue Wahrheiten abzuleiten, und es schließlich in unsere Realität zurückübersetzen. Mit anderen Worten: Wir könnten über den Umweg einer fiktiven, mathematischen Welt etwas über die reale Welt lernen. Das ist neu.

Schauen wir uns mal ein Beispiel an: die Musiktheorie. Musiktheorie ist ein abstraktes Modell dafür, wie Musik funktioniert. Man nimmt die Musik der realen Welt - eine komplexe und chaotische Abfolge von Luftschwingungen - und überträgt sie in ein symbolisches System aus Noten und Akkorden. Innerhalb dieses abstrakten Systems gibt es bestimmte Regeln oder Richtlinien (für ein bestimmtes Genre oder eine bestimmte Musiktradition), die besagen, welche Noten mit welchen Akkorden zusammenpassen, welche Tonfolgen angespannt oder traurig oder funky klingen und welche Akkorde typischerweise auf andere Akkorde folgen. Das alles sind Bestandteile eines Modells. Wir haben eine vereinfachte Darstellung einer realen Sache, die es uns einfacher macht, diese reale Sache zu verwalten, zu analysieren und vorherzusagen.

Ja, beim Abstrahieren sind uns Details abhandengekommen. Unsere Übersetzung ist nicht perfekt, die Modellwelt wird nicht isomorph mit der realen Welt übereinstimmen. Aber das ist in Ordnung. Wenn man in einer Jamsession spielt, muss man meistens nur die Akkordfolge, den Rhythmus und die Tonart kennen, in der gespielt wird. Wenn man versuchen würde, jeden Aspekt des Tonflusses zu analysieren, der einem in die Ohren dringt, würde man sich hoffnungslos verzetteln. Stattdessen reduziert man es also auf das Wesentliche –

man abstrahiert. »Noten« und »Akkorde« sind keine greifbaren, realen Entitäten. Sie sind Konzepte einer Modellwelt, sie folgen internen Regeln, und sie haben Klangentsprechungen in der realen Welt. Es sind nützliche theoretische Konstrukte.

Das ist der Schlüssel zu einem guten Modell: ein intelligenter Reduktionsprozess, der uns zu einer grundlegenden, aber immer noch nützlichen Einheit wie einer Note oder einem Akkord führt. Wenn wir innerhalb des Modells arbeiten, tun wir vorübergehend so, als wären diese Dinge wirklich unzerstörbare Atome, deren Verhalten fixen Gesetzen folgt. Das ist aber nicht ganz richtig: Eine Note ist in Wirklichkeit ein Gemisch aus Obertönen, Echos und Hall, die alle umherhüpfen und gegen Ihr Trommelfell drängen. Wenn es aber sinnvoll ist, ein winziges Modell der Welt zu bauen, innerhalb dessen es richtig ist, innerhalb dessen eine Note schlicht eine Note *ist* – was sollte dann schlimm daran sein?

Manchmal geht dieser Reduktionsprozess ein wenig zu weit, und man muss vorsichtig sein, wenn man aus allzu vereinfachten Modellen Schlussfolgerungen für die reale Welt ziehen will. Oft ist es schlichtweg bequem, Annahmen zu treffen, die nicht ganz wahr sind, oder sogar solche, die nachweislich und lachhaft falsch sind. Da gilt es dann, ein gutes Gleichgewicht zwischen Einfachheit und Nützlichkeit zu finden. Es gibt da einen alten Witz über einen Wissenschaftler, der zu einem Milchviehbetrieb gerufen wird, um bei der Steigerung der Milchproduktion zu helfen. Er sagt: »Ich habe eine Lösung. Nehmen wir eine kugelförmige Kuh an …«

Hier ein weiteres Beispiel in Sachen Modellierung aus der Wirtschaft. Nehmen wir an, es gibt ein Produkt, das viele Leute kaufen wollen. Eine richtig gute Chilisauce, zum Beispiel. Und dann passiert etwas, beispielsweise ein Schädlingsbefall auf den Chilischotenfeldern, der die Menge der produzierten scharfen Sauce verringert. Was dann passiert, ist vorhersehbar: Der Preis für scharfe Sauce wird steigen. Das ist die Art von Regelmäßigkeit in der realen Welt, für die Modellierungen perfekt geeignet sind. Wenn etwas plötzlich knapp wird, steigt der Preis dafür in der Regel an.

Natürlich ist ein »Preis« niemals nur eine einfache einzelne Zahl. Er hängt davon ab, wo Sie Ihre scharfe Sauce kaufen, wer sie Ihnen verkauft, wie das Geschäftsmodell dieser Person funktioniert und vielleicht sogar davon, für wie wohlhabend diese Person Sie hält. Wenn es zu einer Verknappung kommt, verkaufen Verkäufer, die davon nicht gleich erfahren, die scharfe Sauce vielleicht noch weiter zum ursprünglichen Preis, bis der Vorrat aufgebraucht ist. Vielleicht gibt es auch Käufer, die nichts von der Verknappung wissen und sich deswegen weigern, einen höheren Preis für die Sauce zu zahlen. Vielleicht gibt es in einer bestimmten Gemeinschaft sogar eine Erwartungshaltung darüber, was ein »fairer Preis« für scharfe Sauce ist, und Verkäufer könnten geächtet werden, wenn sie die Preise in die Höhe treiben. Es ist schwer, sich etwas Komplizierteres vorzustellen, etwas, das mehr bewegliche Teile unter der Haube hat als ein Preis.

Aber wenn wir modellieren, können wir die vereinfachende Annahme machen, dass der Preis nur eine einzige Zahl ist, die zudem überall die gleiche ist. Wir können zudem annehmen, dass die »Nachfragekurve« und die »Angebotskurve« (weitere Abstraktionen, die erfunden wurden, um uns das Modellieren möglichst angenehm zu gestalten) einfache Funktionen sind, die uns – abhängig vom Preis – genau sagen, wie viel scharfe Sauce gewünscht wird und wie viel davon produziert wird. Wir können annehmen, dass sich auf einem »Wettbewerbsmarkt« (noch so eine Abstraktion) alles bei einem »Gleichgewichtspreis« (und gleich noch eine) einpendelt. Innerhalb der theoretischen, auf diesen Annahmen aufbauenden Welt können wir das Gleichgewicht berechnen und von dort aus zurückrechnen, um eine Vorhersage des reellen Preises zu erhalten. Und in manchen Fällen sind die Vorhersagen dieses Angebots- und Nachfragemodells tatsächlich ziemlich gut.

Natürlich müssen wir vorsichtig sein, welche Annahmen wir treffen. Eine der Standardannahmen der neoklassischen Ökonomie besagt, dass Menschen rationale Akteure sind: dass wir angeborene und konsistente Präferenzen haben, dass wir die bestbezahlten Jobs und die günstigsten Produkte suchen und dass uns über so ziemlich alles vollständige Informationen vorliegen. Das meiste davon ist in der realen Welt nicht zutreffend. Es handelt sich vielmehr um vereinfachende Annahmen, die es uns ermöglichen, Vorhersagen zu treffen. Wenn diese Vorhersagen in der Regel zutreffen, ist das großartig! Unser Modell ist nützlich. Das heißt aber nicht, dass unsere Annahmen wahr sind. Es gibt viele Möglichkeiten, bei denen Menschen ganz und gar nicht rational handeln: Wir sind übertrieben risikoscheu, wir planen nicht gut für die Zukunft, wir kaufen teure Dinge, um unseren Wohlstand zu demonstrieren, wir diskriminieren, wir vergeben Jobs eher an Freunde und Verwandte als an qualifiziertere Außenseiter - eine Liste, die sich beliebig fortsetzen lässt. Wenn man versucht, in diesen Fällen die üblichen Modelle anzuwenden, werden diese versagen und schlechte Vorhersagen treffen.

Generell ist das ein entscheidender Punkt bei Modellierungen: Ein Modell funktioniert nur innerhalb eines bestimmten Rahmens. Die Annahmen, die wir verwenden, um in dem einen Bereich (Wirtschaft zum Beispiel) gute Vorhersagen zu machen, können völlig andere sein als die Annahmen, die wir anwenden, um in einem anderen Bereich (wie Soziologie) gute Vorhersagen zu erzielen. Das bedeutet nicht, dass das eine Modell richtig und das andere falsch ist. Es bedeutet nur, dass man wissen muss, wann man welches Modell verwendet. Wenn Sie glauben, Sie hätten ein einziges, konsistentes Modell, das in allen Kontexten funktioniert, dann ignorieren oder vernachlässigen Sie wahrscheinlich nur die Kontexte, in denen es nicht funktioniert. So etwas wie ein geheiligtes Modell existiert nicht.

Noch ein Beispiel: Haben Sie schon einmal einen Film gesehen und nach der Hälfte festgestellt, dass Sie in der Lage sind, ziemlich genau vorherzusagen, was für den Rest der Laufzeit passiert? Finden Sie nicht auch, dass das eine bemerkenswerte Leistung ist? Wieso sind Sie imstande, in die Zukunft zu sehen? Sie müssen ein gedankliches Modell entwickelt haben, das Ihnen sagt, »wie Filme normalerweise funktionieren«; ein Modell, das Sie entwickelt haben, indem Sie Ihr ganzes Leben lang Filme gesehen haben. Sie vereinfachen den Informationsfluss, der auf Ihre Ohren und Augen trifft, Sie leiten aus Pixeln abstrakte Einheiten wie Figuren, Dialoge, Motive und Beziehungen ab. Dann wenden Sie stillschweigend einige Regeln an: »Wenn eine geladene Waffe gezeigt wird, wird diese vor Ende des Films auch abgefeuert« oder: »Dieser extrem rassistische Typ wird auf jeden Fall sein Fett wegbekommen« oder: »Wegen dieses einen Charakterfehlers werden die beiden sich in den letzten zwanzig Minuten des Films trennen, aber dann wird er seine Lektion lernen und eine große romantische Geste machen, und sie werden auf dramatische Weise wieder zueinanderfinden und glücklich bis ans Ende ihrer Tage leben«. Sicher, wir sprechen hier nicht von strengen mathematischen Regeln, und diese Vorhersagen treffen vielleicht auch nicht immer zu, aber trotzdem findet da eine Art rudimentärer Modellierung in Ihrem Kopf statt. Sie erstellen im Geiste eine Reihe von Regeln, die Sie auf eine Vielzahl ähnlicher realer Umstände anwenden können.

Und im Grunde ist das genau das, was die ganze Zeit in unseren Köpfen vor sich geht. Wir interpretieren die Welt um uns herum nicht als Abfolge von Licht- und Klangfetzen, sondern wir zerlegen sie in Dinge, Gebilde und Analyseeinheiten, von denen wir ein bestimmtes Verhalten erwarten. Wir sehen etwas, das wir in die Kategorie »Auto« einordnen, und etwas, das wir in die Kategorie »grünes Licht« einordnen, und wir denken: *Autos fahren bei einer grünen Ampel in der Regel weiter. Wenn ich jetzt die Straße überquere, werde ich wahrscheinlich angefahren.* Bei Wahrnehmung und Sinneseindrücken des Menschen geht es darum, Muster zu erkennen, und um Muster erkennen zu können, müssen wir zunächst die kontinuierliche, verschwommene Realität um uns auf unterscheidbare Objekte herunterbrechen, die sich jeweils nach bestimmten Mustern verhalten können.

Beachten Sie auch: Modelle müssen nicht mathematisch sein. Die internen Regeln der Modellwelt können grober und qualitativer Natur sein, wie zum Beispiel »Gegensätze ziehen sich an« oder »Gleich und Gleich gesellt sich gern«. Es sollte sogar viel einfacher sein, diese Art von nichtmathematischen Modellen zu erstellen. Denn ein Modell, das präzise numerische Vorhersagen macht, ist schließlich sehr leicht zu widerlegen.

Deshalb überrascht es eigentlich, dass sich unsere Welt mit mathematischen Modellen so gut erklären lässt. Wenn man genau hinschaut, dann schreien viele Dinge geradezu danach, dass man ihr Verhalten mithilfe der Mathematik beschreibt.

Nehmen wir einen beliebigen kleinen Gegenstand. Warum nicht Ihren Schlüsselbund. Werfen Sie ihn mit der linken Hand hoch und fangen Sie ihn mit der rechten wieder auf. Der Bogen, den er beschreibt, wenn er durch die Luft fliegt, ist eine perfekte Parabel. Egal, wie Sie ihn werfen, seine Flugbahn wird jedes Mal eine Parabel beschreiben und ist damit quasi die Nachempfindung eines mathematischen Objekts, einer präzisen geometrischen Form, im echten Leben.

Oder nehmen wir ein Stück Seil und lassen es zwischen zwei Fixpunkten baumeln. Es wird eine »Seilkurve« genannte Form annehmen, die eine perfekte Nachahmung eines Graphen ist, den man wiederum den hyperbolischen Kosinus nennt. Telefonkabel, Halsketten ohne beschwerenden Anhänger, Samtkordeln – das Material spielt keine Rolle, die Form wird immer dieselbe sein. (Die Formel hierfür enthält übrigens eine e genannte irrationale Zahl, die aus dem Bereich der Zinseszinsberechnung stammt und absolut keine Berechtigung hat, in der Berechnung für die Hängweise von Schnüren und Seilen aufzutauchen.)

Noch eine Form. Diesmal eine, die ein bisschen komplizierter ist. Setzen Sie eine Kamera auf ein Stativ und richten Sie sie in Richtung Himmel aus. Suchen Sie sich irgendeine Tageszeit aus, um ein Foto zu machen. Lassen Sie die Kamera in genau derselben Position und machen Sie am nächsten Tag und am übernächsten Tag zu genau derselben Zeit jeweils ein weiteres Foto, jeden Tag ein neues Bild, ein ganzes Jahr über. Die Verschiebung des Sonnenstandpunktes über den Verlauf des Jahres beschreibt eine mathematische Form, die Analemma genannt wird.

Ich nenne Beispiele für komplizierte Formen, weil einfache mathematische Formen in der Natur so alltäglich sind, dass wir sie kaum wahrnehmen. Wenn Sie Seifenblasen machen, bilden diese perfekte Kugeln. Lässt man einen Kieselstein in einen Teich fallen, zeichnen die dabei entstehenden Wellen perfekte Kreise. Diese Beispiele sind vielleicht nicht sonderlich überraschend, aber sie deuten auch darauf hin, dass hinter den Kulissen eine Art mathematische Logik wirkt.

Dieses bizarre Wiederauftauchen mathematischer Phänomene in der Natur betrifft längst nicht nur physikalische Formen. Ein weiteres uns vertrautes Beispiel, das wir wirklich nicht als selbstverständlich erachten sollten, ist die Glockenkurve: eine Formel zur Vorhersage der Verteilung fast jeder numerisch abbildbaren Eigenschaft in jedwedem natürlich vorkommenden Datensatz. Hier hätten wir zum Beispiel die Verteilung der Körpergröße von Frauen in den Vereinigten Staaten:

Und hier ist die Verteilung der gesamtdurchschnittlich erzielten Punkte bei der überstaatlichen Anwaltsprüfung:

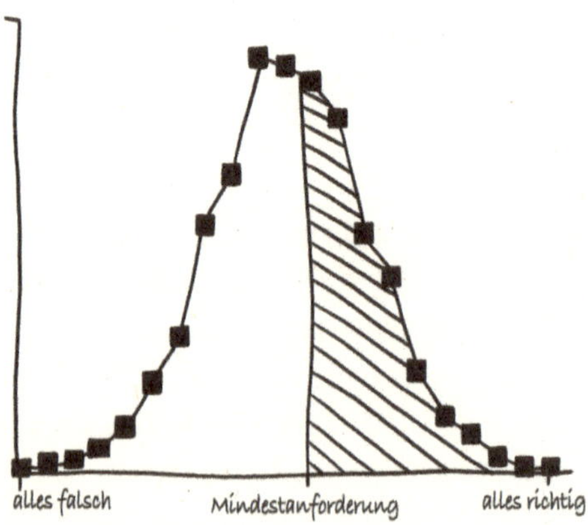

Hier die Verteilung der Songlänge für alle Billboard-Nummer-eins-Hits der Nullerjahre:

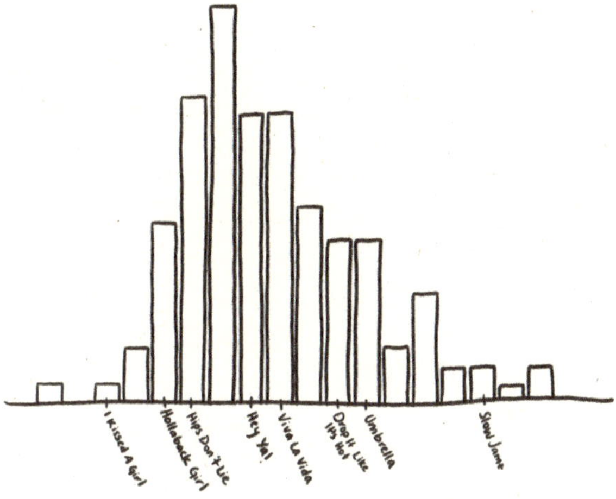

Und hier noch die Verteilung der Kugeln beim beliebten amerikanischen TV-Spiel Plinko:

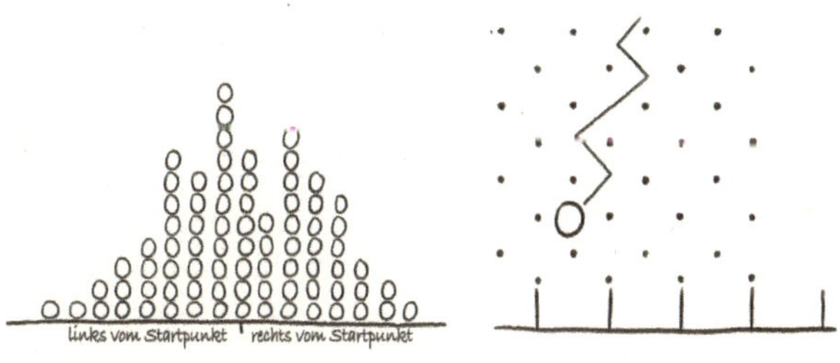

Nein, es ist nicht jedes Mal genau die gleiche Form – man muss einen gewissen Zufall berücksichtigen. Aber je größer der Probenumfang ist, desto mehr nähert man sich im Allgemeinen einer glatten, symmetrischen Glockenkurve an. (Die Gleichung dieser Kurve enthält übrigens nicht nur e – die Zinseszinszahl –, sondern auch π, also das Verhältnis des Umfangs eines Kreises zu seinem Durchmesser. Irgendwann erreicht man einen Punkt, an dem das Ganze sich anfühlt wie eine Art kosmischer Witz, nicht wahr?)

Am unheimlichsten finde ich es, wenn in unterschiedlichen Studienbereichen genau dieselbe Formel auftaucht – in völlig unzusammenhängenden Kontexten, von denen man überhaupt nicht annehmen würde, dass sie analog zueinander sind. Beispielsweise verrät die berühmte Gravitationsgleichung uns die Anziehungskraft zwischen zwei makroskopischen Objekten, sofern wir deren Massen kennen.

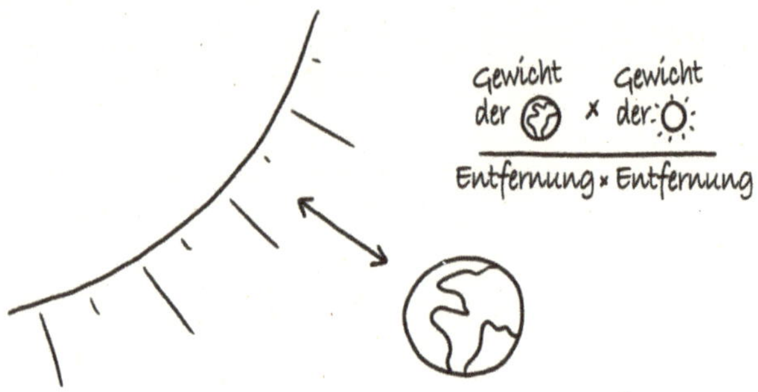

Sie verrät uns aber auch die Anziehungs- oder Abstoßungskraft zwischen zwei mikroskopischen Teilchen, sofern wir deren Ladungen kennen:

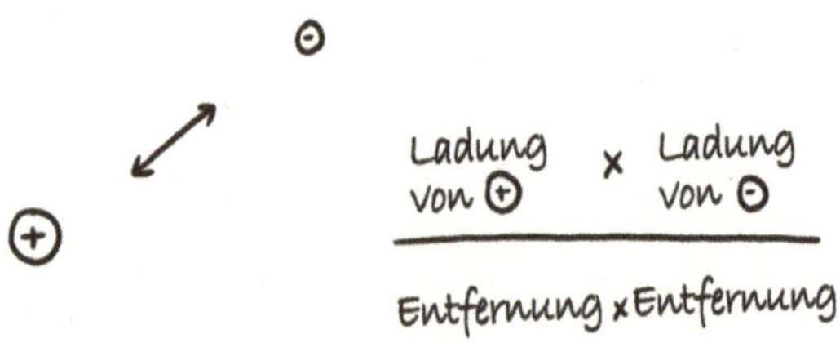

Und – jetzt halten Sie sich besser fest! – sie liefert uns sogar eine gute Schätzung zum Umfang des Handels zwischen zwei Ländern, sofern wir deren BIPs kennen.

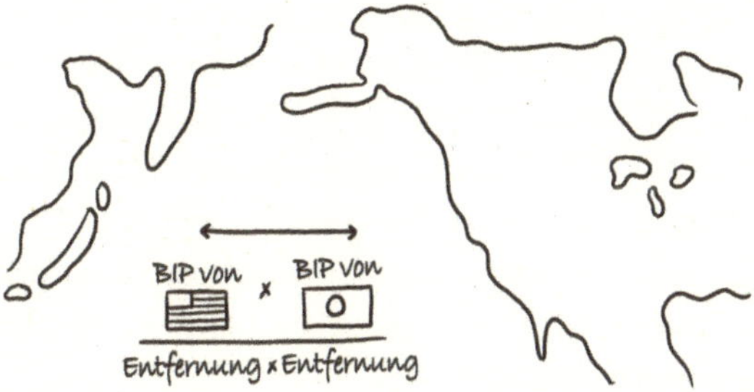

Besser noch: Der mathematische Prozess, der als »einfache harmonische Bewegung« bekannt ist, beschreibt in identischer Weise die Schwingung einer gezupften Saite, die Länge eines Tages* und die Durchschnittstemperatur im Laufe eines Jahres, die Populationen von Arten in Räuber-Beute-Beziehungen, die Höhe eines Punktes auf einem rotierenden Kreis, die Kompression einer Sprungfeder und den Stand der Gezeiten.

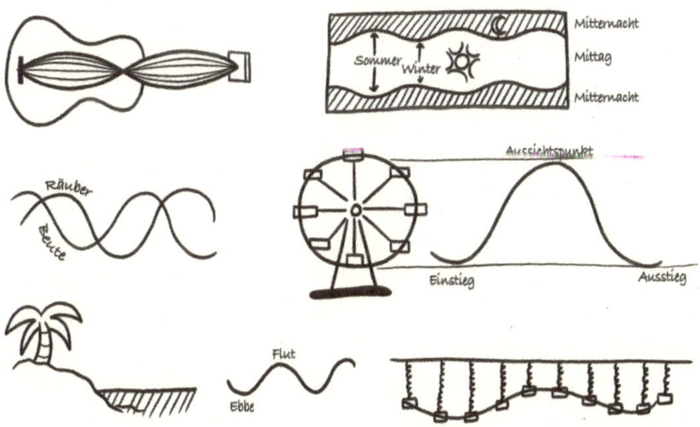

Was zur Hölle ist hier eigentlich los? Unser Ziel bei der Erstellung von Modellen ist es, wie Sie ja wissen, dass diese einen schlichten Nutzen erfüllen; wir suchen nach einem hübschen und bequemen System, das unsere Beobachtungen in geordneter Weise zusammenfasst. Die

Regeln eines Modells können unterschiedlichster Art sein, grob oder präzise. Aber aus irgendeinem Grund stellen wir immer wieder fest, dass die Welt sich am besten durch mathematische Regeln modellieren lässt, die mit erschreckend hoher Präzision funktionieren - und die sich bisweilen von Ort zu Ort wiederholen.

In so gut wie allen Fällen kam die Mathematik übrigens zuerst, historisch gesehen. Vertreter der reinen Mathematik haben immer nur das untersucht, was sie interessant fanden. In der Regel verhält es sich aber so, dass Hunderte von Jahren nachdem ein neues Gebiet der Mathematik entdeckt und erforscht wurde, ein neues Gebiet der empirischen Wissenschaft auftaucht, das genau dieselben mathematischen Konzepte und Ergebnisse erfordert. Wir erfinden die Mathematik nicht etwa in der Absicht, sie an unsere Welt anzupassen - wir entdecken vielmehr, welche Mathematik im Universum existiert, und stellen dann später fest, dass unsere Welt zufällig genauso aussieht.

Wie lässt sich das erklären? Warum ist die Welt so anfällig für mathematische Modellierung?

Die ehrlichste Antwort darauf lautet: Niemand weiß es wirklich so genau. Unter Mathematikphilosophen wird darüber heiß debattiert, und ich werde nicht so tun, als wüsste ich die Antwort. In der Gemeinschaft der reinen Mathematiker gibt es jedoch eine Theorie, die sehr beliebt zu sein scheint. Man geht damit nicht an die Öffentlichkeit, aber ich habe mit genügend Leuten über besagte Theorie gesprochen, um sagen zu können, dass viele sie für richtig halten.

Vielleicht entdecken wir mathematische Muster in der Natur, *weil die Welt selbst aus Mathematik besteht.* Vielleicht ist das Universum von Grund auf mathematisch, und es gibt ein einziges wahres Modell, das sein Verhalten perfekt beschreibt.

Machen wir uns nichts vor: Es klingt komplett wahnsinnig. Aber lassen Sie mich das ausführen.

Automaten

Wie sollte eine Welt aus der Mathematik heraus entstehen? Lassen Sie mich das Konzept zumindest plausibel erklären.

Sie haben mathematisch entstandene Welten wahrscheinlich schon gesehen. Man nennt sie Simulationen. Sicher, meistens ist eine Simulation nur eine winzig kleine Welt, in der nicht viel los ist, ein paar Objekte mit vorhersehbarem Verhalten, die ein vorgegebenes Szenario durchspielen. Das ist doch etwas sehr anderes als unsere unvorhersehbare, kompliziert detaillierte Welt, aber irgendwo müssen wir ja anfangen.

Mathematiker haben Simulationen erfunden, lange bevor es Computer gab, die sie durchspielen konnten. Wenn eine Simulation simpel genug ist, kann man sie manuell durchführen – wir sprechen dann über nichts weiter als ein Spiel, einen Zeitvertreib, für den wir nur Papier und Bleistift benötigen. Wir sprechen dann für gewöhnlich nicht von einer »Simulation« sondern von einem »Automaten«, aber die Idee dahinter ist dieselbe. Es gibt vordefinierte Regeln dafür, wie sich alles bewegt, man wählt eine Ausgangssituation, und dann spielt man es durch und schaut, was passiert.

Hier eine einfache Simulation, die wir von Hand durchführen können. Die Welt ist eine einspurige Straße, die in einzelne Felder unterteilt ist.

Das einzige Objekt ist ein Auto. Dieses Auto bewegt sich gemäß der folgenden Bewegungsregeln:

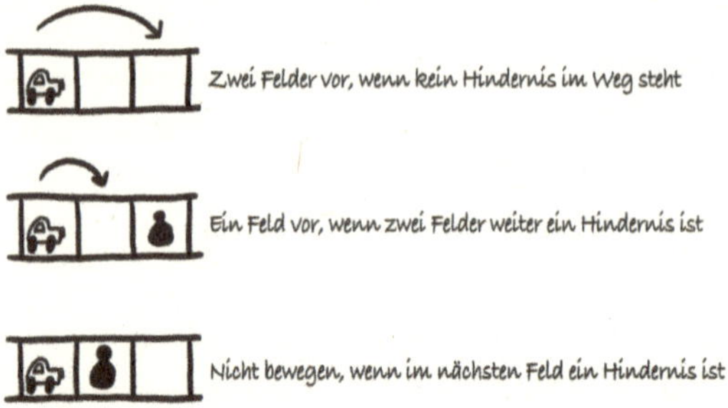

Wenn wir nur ein Auto auf die Straße bringen und »Start« drücken, dann ist nicht schwer zu erraten, was als Nächstes passieren wird.

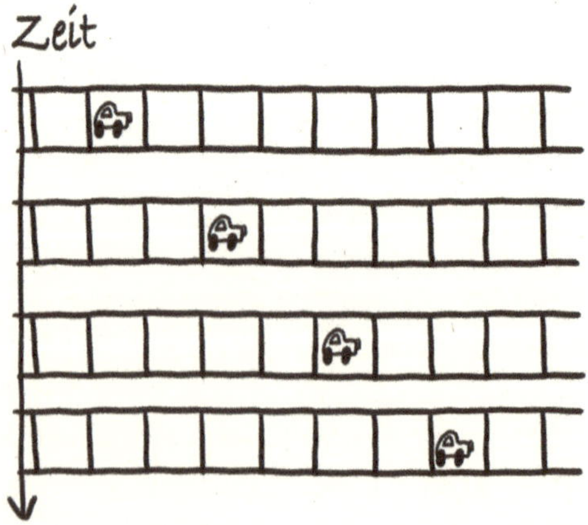

Was aber, wenn wir mit einem kleinen Fuhrpark von fünf Autos starten? Es ist ein bisschen mehr Arbeit, aber nicht allzu viel. Man arbeitet sich Auto für Auto vor, prüft, wie viele Felder es weiterziehen soll, und wiederholt dies für jeden Zeitschritt. Man übernimmt die Rolle eines Computers. Anders gesagt: Man führt ein paar grundlegende Berechnungen aus.

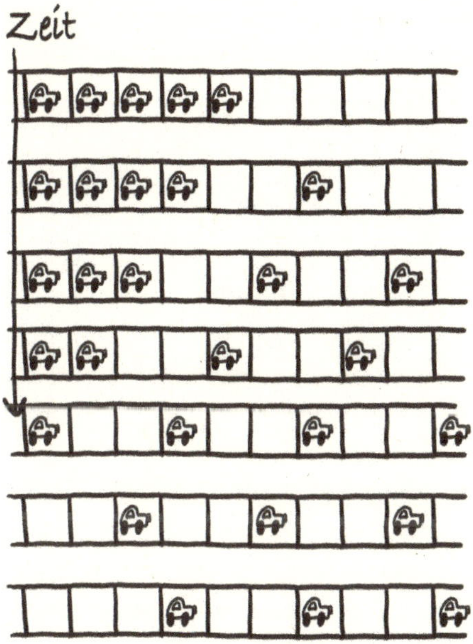

Dies ist ein sehr einfacher Automat (eindimensional, diskret, deterministisch), aber selbst der ist gut genug, um ein paar reale Phänomene nachzubilden. Wir können zum Beispiel eine Regel für Gaffer hinzufügen.

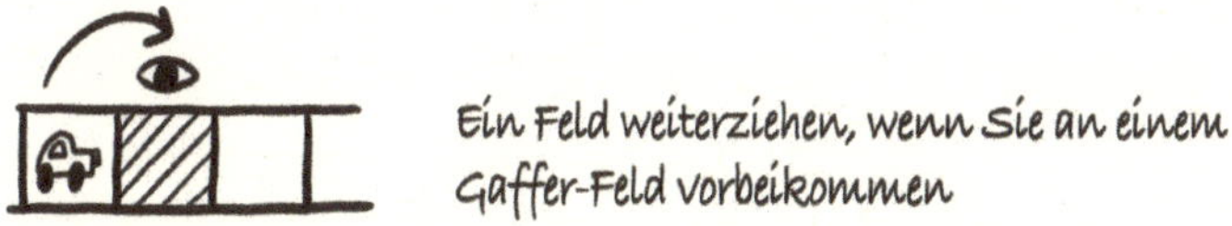

Beginnen wir mit einer unendlichen Reihe von Autos, die sich in einem Abstand von jeweils zwei Feldern einem Gaffer-Feld nähern.

Was passiert, wenn wir die Simulation durchführen?

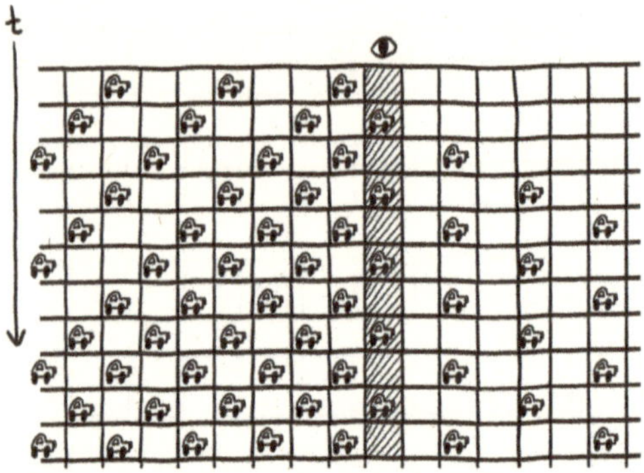

Der Unfall löst einen Welleneffekt aus, der die herannahenden Autos verlangsamt, aber sobald man die Unfallstelle passiert hat, ist man wieder auf Reisegeschwindigkeit. Klingt erst mal plausibel, oder nicht? Ein Automat ist wie ein in Bewegung gesetztes, ein zum Leben erwecktes Modell.

Überprüfen Sie meine Arbeit gerne, wenn Sie mögen: Jedes Auto bewegt sich in jedem Zeitschritt entsprechend der vier Bewegungsregeln. Sie können die Simulation auch selbst auf einem Blatt Karopapier durchspielen oder neue Ausgangsszenarien ausprobieren, um zu sehen, was passiert. Manche Leute finden so etwas monoton und mühsam, andere finden es unterhaltsam und therapeutisch.

Das Ganze fällt immer noch in die Kategorie »viel zu simpel, um der realen Welt zu entsprechen«. Natürlich können wir ein paar grundlegende Muster nachbilden, aber wir wissen alle, dass echte menschliche Fahrer viel komplexer sind als unsere vier formelhaften Regeln. Echte Fahrer lassen sich ablenken, bekommen Muskelkrämpfe und wollen meist schnell irgendwohin gelangen. Außerdem müssen wir, wenn wir ein überzeugendes, allumfassendes Modell anstreben, nicht nur die Autos auf der Straße nachbilden, sondern auch die vorbeifliegenden Vögel, das Tuckern der Motoren, das allgemeine Weltgeschehen und das Pochen einer Vene auf dem linken Handrücken eines Akrobaten, der ein paar Städte weiter sein Nickerchen hält. Ein einfaches Automatenbeispiel wie das unsere kann da natürlich nicht mithalten.

Also schön! Wir haben uns ja gerade erst warmgelaufen. Schauen wir uns jetzt den berühmtesten Automaten aller Zeiten an. Er ist immer noch viel, viel simpler als unsere reale Welt, aber er erzeugt einige Verhaltensweisen, die uns plausibel glauben lassen könnten, dass unsere Welt ein sehr komplexer Automat ist.

Er heißt, wie passend, »Das Spiel des Lebens«.

Wie auch bei unserem Auto-Automatenbeispiel besteht dessen Welt aus diskreten quadratischen Zellen. Im Spiel des Lebens ist die Welt ein zweidimensionales Gitter, das sich in alle Richtungen unendlich weit erstreckt. Jede Zelle hat zwei mögliche Zustände: an oder aus. Im Gegensatz zu dem Beispiel mit dem Auto stellen diese Zellen keine bestimmte Sache aus der realen Welt dar. Es sind einfach nur Quadrate, die ein- oder ausgeschaltet, schwarz oder weiß, ausgefüllt oder leer sein können.

Es gibt drei Regeln, die den Spiel-des-Lebens-Spielverlauf bestimmen. Jede Zelle entscheidet, ob sie im nächsten Zeitschritt ein- oder ausgeschaltet sein soll, indem sie überprüft, wie sich ihre acht Nachbarn (einschließlich der Diagonalen) im jetzigen Zeitschritt verhalten.

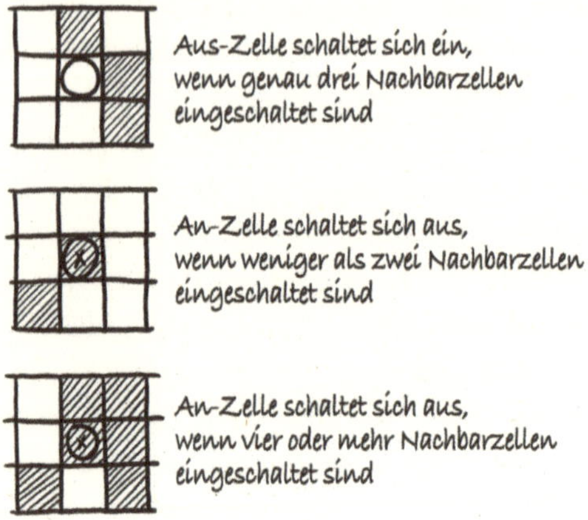

Dieser Automat ist von Hand etwas schwieriger auszuführen, da bei jedem Schritt mehr Zellen zu überprüfen sind. Aber wenn man gut organisiert ist und sich eine schlüssige Notation ausgedacht hat, kann man die Simulation von jeder beliebigen Ausgangssituation aus starten und sehen, was passiert.

Manche Set-ups pendeln sich in einem stabilen Zustand ein und bleiben für immer so.

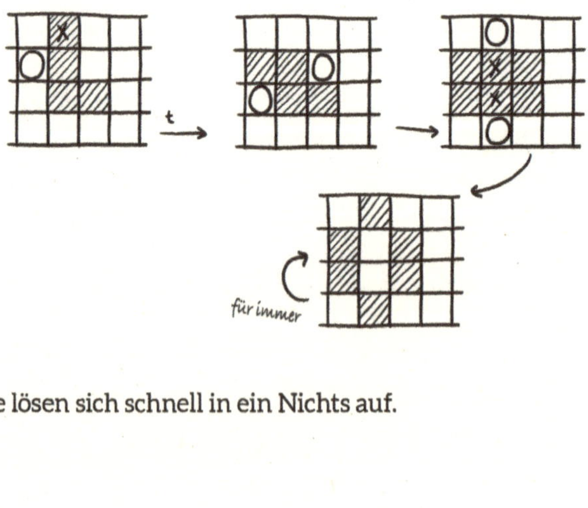

Andere lösen sich schnell in ein Nichts auf.

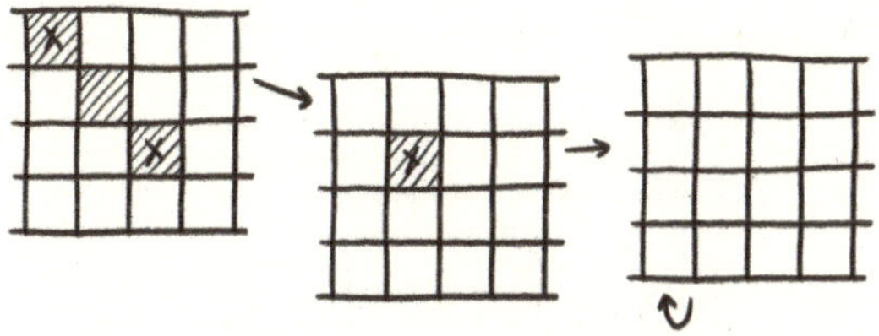

Wieder andere entwickeln sich zu »Blinkern«, die auf alle Zeiten zwischen zwei Zuständen hin und her springen.

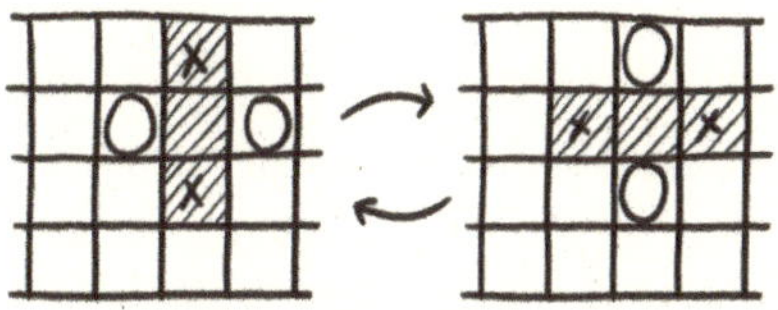

Manche Set-ups sind »Gleiter«, die zum immer gleichen Ausgangsmuster zurückkehren, allerdings verschoben nach unten und rechts.

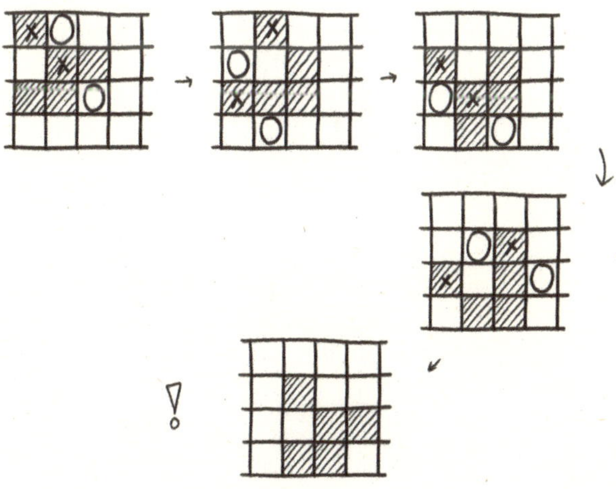

Sie werden Gleiter genannt, weil sie im Laufe mehrerer Zyklen unbegrenzt über die Spielfläche gleiten.

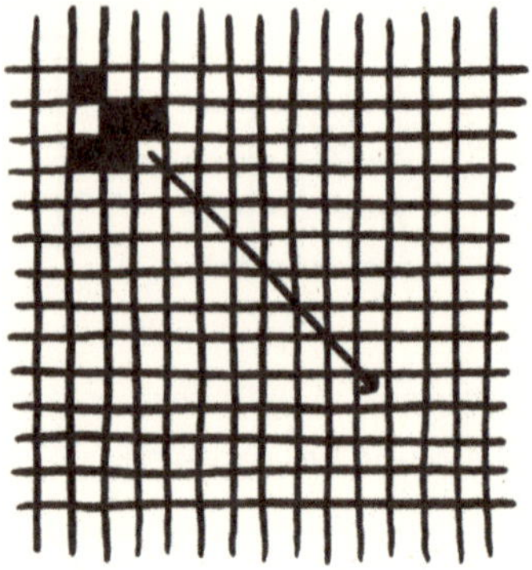

Und dann gibt es andere Set-ups, bei denen, nun ja …

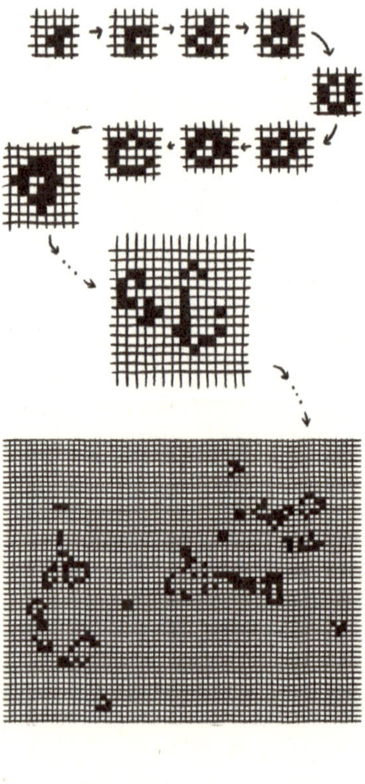

Dieser Fünf-Zellen-Aufbau, das R-Pentomino, explodiert förmlich zu einem Ökosystem interagierender Teile, erzeugt Stillleben und Blinker, schießt Gleiter ab, entwickelt sich und wächst, um eine immer größere Spielfläche abzudecken. Nach tausend Zeitschritten pendelt es sich schließlich auf ein stabiles, sich wiederholendes Muster ein, aber bis es so weit ist, sieht das Ganze sehr, na ja, sagen wir, lebensecht aus. (Es empfiehlt sich dabei nicht mehr, die Berechnung von Hand vorzunehmen.)

Das ist im Spiel des Lebens nichts Ungewöhnliches. Manchmal erzeugt ein relativ einfaches Ausgangsmuster spontan eine große, chaotische Welt voller stabiler Strukturen, die interagieren und sich im Laufe der Zeit auf interessante, nicht offensichtliche Weise bewegen. Kommt Ihnen das bekannt vor?

Es gibt ein Startmuster, das zu unendlichem Wachstum führt, indem es in regelmäßigen Abständen einen endlosen Strom von Gleitern abschießt. Es gibt ein »Sir Robin« genanntes Muster, das über die Spielfläche schwebt wie ein Springer beim Schach. Es gibt ein »Gemini« genanntes Muster, das computergestützt und nach Millionen von Zeitschritten eine exakte Kopie seiner selbst erzeugt. (Selbstverständlich gibt es eine engagierte Onlinegemeinde, die gezielt nach solchen Sachen sucht und Auszeichnungen für das Muster des Jahres vergibt). Für so ziemlich jede Art von Verhalten, das Sie sich auf einem schwarz-weißen Pixelraster vorstellen können, existiert ein Muster.

Denken Sie immer noch, dass das alles zu simpel ist, als dass es unsere Welt abbilden könnte? Sie haben wahrscheinlich nicht unrecht. Wir leben schließlich nicht in einer flachen, diskreten, schwarz-weißen Welt. Dieses Spiel-des-Lebens-Setting – das Spielfeld, die Regeln – ist willkürlich gewählt, nicht weil es die Realität widerspiegeln würde, sondern weil es einfach zu handhaben ist. Aber wir können ja Automaten mit völlig beliebigen Regeln erfinden.

Wir können einen Automaten erfinden, bei dem sich alles auf einer Spielfläche mit sechseckigen Feldern abspielt.

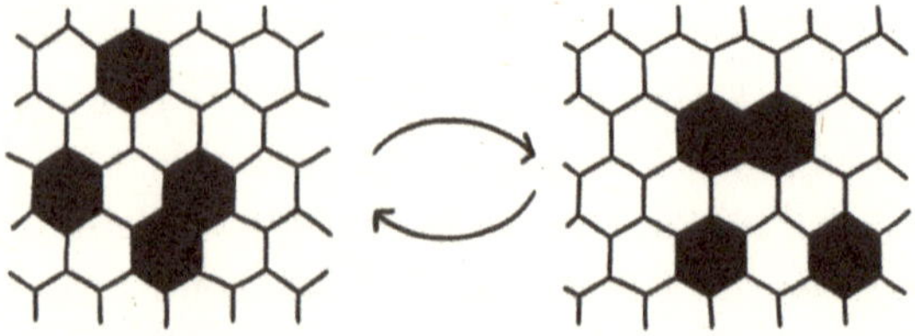

Wir können auch einen Automaten mit mehr als zwei unterschiedlichen Zellzuständen bauen.

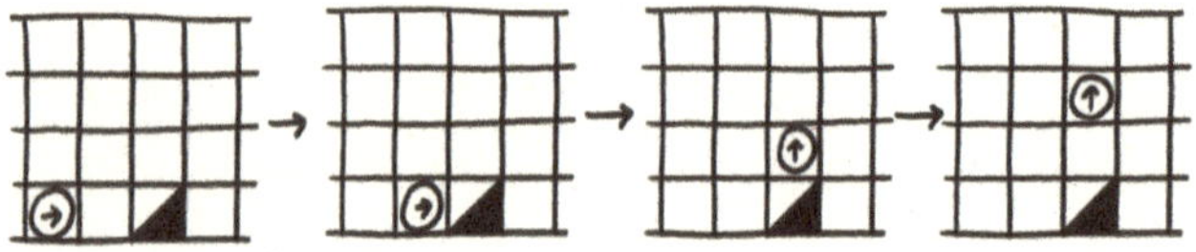

Je nachdem, welche Regeln wir wählen, können diese fiktiven Welten ganz unterschiedliche Verhaltensweisen aufweisen. Manche Welten fallen schnell in sich zusammen, egal, mit welchem Muster man beginnt. Andere explodieren förmlich aus nur einem einzigen Pixel heraus, wie der Urknall.

Wenn es Ihnen lieber ist, nicht aus Pixeln zu bestehen, ist auch das kein Problem: Wir können Automaten bauen, die auf einem kontinuierlichen Spielfeld stattfinden. Dabei geht es dann nicht um die »Anzahl der eingeschalteten Nachbarzellen«, sondern um den »Prozentsatz der eingeschalteten lokalen Umgebung«. Hier hätte ich für Sie einen »SmoothLife« genannten Automaten, der aussieht wie etwas Gruseliges, das sich in einer Petrischale abspielt:

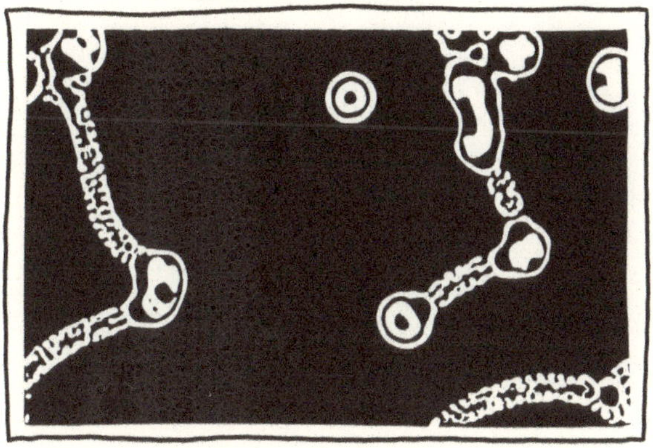

Ich zeige Ihnen aus jeder weit gefassten Kategorie von Automaten nur ein Beispiel. Vergessen Sie aber nicht, dass die Möglichkeiten grenzenlos sind. Nachdem Sie eine Dimension und einen Raum ausgewählt haben, in dem Sie Ihre Welt ansiedeln, nachdem Sie eine Reihe von grundlegenden Objekten oder Zellzuständen ausgewählt haben, gibt es immer noch einen unendlichen Strauß möglicher Regelsätze, die Sie aufschreiben können. Bewegung und Entwicklung von Objekten können auf verschiedenste Weise beeinflusst werden – kontinuierlich oder diskret, deterministisch oder zufällig, lokal bestimmt oder durch den allgemeinen Weltzustand während eines fixen Zeitpunktes. Es lässt sich eine erstaunliche Vielfalt an Welten entdecken, indem man nur einen einzigen Parameter einer einzigen Regel geringfügig verändert.

Hier zum Beispiel ist noch ein weiterer kontinuierlicher Automat, »Crystalline« genannt:

Kleiner Scherz am Rande. Das ist kein Automat, sondern eine echte Aufnahme von Flüssigkristallen unter einem Mikroskop.

Ist es also wirklich so schwer, sich vorzustellen, dass es irgendwo einen Automaten gibt, der, nun ja, *all das hier* erzeugt?

Wenn Sie sich dabei existenziell unwohl fühlen, betrachten Sie diesen Absatz als Spoileralarm des echten Lebens. Im letzten Kapitel dieses Buches werde ich Ihnen einen speziellen Automaten präsentieren – das sogenannte Standardmodell der Teilchenphysik. Es handelt sich um einen kontinuierlichen, dreidimensionalen Automaten mit siebzehn grundlegenden Objekten und etwa zwölf Entwicklungsregeln. Wenn man von bestimmten Ausgangsbedingungen ausgeht und auf »Start« drückt, passiert als Nächstes etwas ziemlich Unheimliches.

Das Standardmodell ist das beste Modell, das wir bisher gefunden haben, um unsere Welt in rein mathematischen Termini nachzubilden. Es ist nicht perfekt, aber es kommt der Sache so nahe, dass es sich wirklich unheimlich anfühlt, wie eine seltsame Traumversion der Realität. Vielleicht fühlt es sich aber auch – je nachdem, welcher Religion Sie sich zugehörig fühlen – wie eine neue, höhere Ebene der Realität an, die das Alltagsleben wie einen seltsamen Traum erscheinen lässt.

Wenn Sie das Standardmodell nicht sehen wollen (und es ist völlig legitim, nicht in den Quellcode blicken zu wollen), dann schlage ich vor, dass Sie das Buch nun zuklappen. Ernsthaft, ich werde auch nicht beleidigt sein! Ich hoffe, Sie haben sich amüsiert und dabei ein paar Dinge gelernt. Ende des Buches. Tschüss, und noch eine schöne Restwoche!

Wenn Sie es aber *doch* sehen wollen, wenn Sie so weit hineinzoomen wollen, dass Sie die Pixel erkennen können, dann lesen Sie weiter. Das folgende und letzte Kapitel ist für Sie. Aber seien Sie gewarnt: Ich biete Ihnen nichts als ... na ja, nicht einmal unbedingt die *Wahrheit*, aber eine unvernünftig nützliche Weise, die Dinge zu betrachten.

Naturwissenschaft

Hier sind sie also, die Regeln des mathematischen Spiels, das wir das Standardmodell nennen. Diese Regeln sind nicht in Stein gemeißelt, und wir wissen, dass das Modell, mit dem wir im Moment arbeiten, nicht hundertprozentig exakt ist. Aber es ist ziemlich nah dran, und die Spielregeln lauten wie folgt:

Wir beginnen mit einem leeren dreidimensionalen Raum. Mit welchem? Sicher sind wir uns da nicht – denn vergessen Sie bitte nicht, die Topologen haben einen ganzen Katalog dreidimensionaler Räume, die vor Ort betrachtet aussehen wie … *das hier.* Die Kosmologen haben einige Arbeit geleistet, um auf Grundlage ihrer eigenen Modelle und Annahmen die Form des Universums zu bestimmen. Für unsere Zwecke ist das nicht wirklich von Belang. Nehmen wir also einfach an, wir arbeiten mit dem grundlegenden, unendlichen, nicht gekrümmten dreidimensionalen Raum.

Man hat also einen großen leeren Raum. An jedem beliebigen Punkt in diesem Raum kann man ein unendlich kleines Punktobjekt platzieren, das »Teilchen« genannt wird. Der Raum ist kontinuierlich, und damit meine ich wirklich an jedem Punkt. Hier gibt es keine quadratischen Zellen. Und diese Dinge, die wir Teilchen nennen, dürfen Sie sich bitte nicht als winzige, glänzende Kugeln vorstellen. Es sind buchstäblich nichts als Punkte. Sie nehmen keinen Raum ein. Es sind mathematische Punkte mit der Größe null.

Nicht alle Teilchen sind einander ebenbürtig: Sie haben leicht unterschiedliche Eigenschaften, die bestimmen, wie sie sich bewegen. Jedes Mal wenn Sie ein Teilchen erschaffen, müssen Sie ihm eine »Masse« (eine positive Zahl) und eine »Ladung« (positiv, negativ oder neutral) zuordnen. Und Sie können nicht etwa irgendeine Masse und Ladung wählen – es gibt nur siebzehn zulässige Kombinationen von Masse und Ladung, aus denen Sie auswählen können. Diese Kombinationen nennt man die siebzehn fundamentalen Teilchen, und wir geben jedem von ihnen einen putzigen Namen wie »Charm-Quark« oder »Tau-Lepton«.

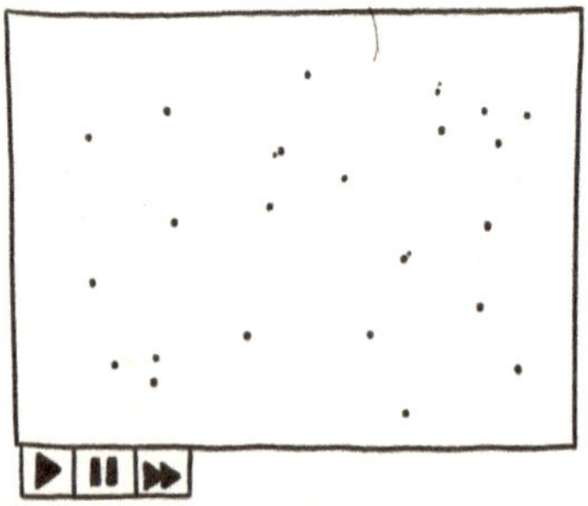

Und was geschieht mit den Teilchen, wenn man »Start« drückt? Sie bewegen sich durch den Raum und interagieren, gehen also eine Wechselwirkung ein. Wie bei jedem Automaten gibt es genaue Berechnungsregeln, die Ihnen sagen, was jedes Teilchen als Nächstes tun wird. Im Allgemeinen bewegen sie sich sehr schnell und in geraden Linien. Die einzige Ausnahme sind die Wechselwirkungen: Wenn ein Teilchen zerfällt oder wenn sich zwei Teilchen sehr nahe kommen. Dann müssen wir in unserer praktischen Tabelle der Wechselwirkungen nachsehen, um herauszufinden, was als Nächstes passiert. Je nach Identität der interagierenden Teilchen können diese zusammenstoßen und sich in verschiedene Richtungen zerstreuen, oder sie können sich zu einem einzigen Teilchen vereinigen, oder sie können (wenn sie sich einander schnell genug nähern) einen Strahl neuer Teilchen ausspucken.

Wenn Sie neugierig sind, finden Sie hier eine Liste aller fundamentalen Teilchenwechselwirkungen des Standardmodells:

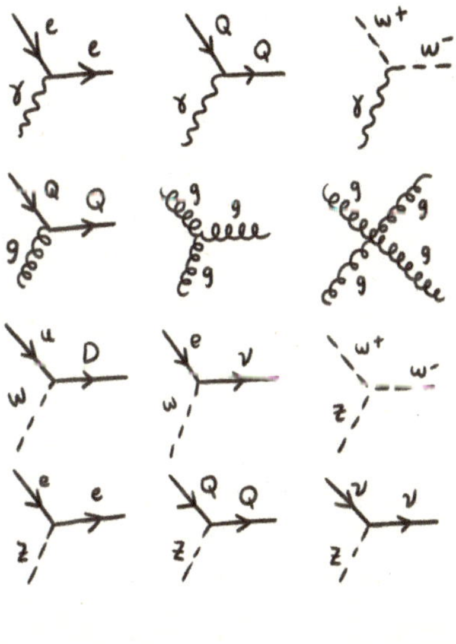

Die erste Abbildung zeigt beispielsweise, wie ein Elektron ein Photon absorbiert und die Richtung ändert. Diese Wechselwirkungen können auch umgekehrt ablaufen; so kann auch ein Elektron ein Photon aussenden und die Richtung ändern.

Ich bin etwas vage, was die Details angeht, aber ich habe keine andere Wahl. Dies ist kein Spiel des Lebens, bei dem man einfach Kästchen abzählt, um herauszufinden, was als Nächstes passiert.

Die genauen Regeln der Teilchenwechselwirkungen im Standardmodell sind offen gesagt absurd. Die Berechnungen beinhalten Kontinuum-Summen, imaginäre Zahlen, Kopplungskonstanten und alle möglichen Arten grotesker Mathematik, deretwegen Physikstudenten sich den Kopf zerbrechen. Der Prozess ist ein systematischer, aber durchaus kein sehr geordneter oder gar einfacher.

Um Ihnen etwas Zeit und Studiengebühren zu sparen, präsentiere ich Ihnen rasch einen kurzen Abriss. Lesen Sie hier eine grobe Beschreibung dessen, was Sie sehen, wenn Sie ein paar Teilchen im Raum verstreuen und die Simulation laufen lassen.

Im ersten Moment gibt es einen gewaltigen Aktivitätsschub. Die meisten der siebzehn Teilchentypen sind instabil und werden nahezu sofort durch Zerfallswechselwirkungen in kleinere, stabile Teilchen zerlegt. Nach dieser Initialexplosion verbleiben nur noch wenige unterschiedliche Teilchentypen, und nur drei davon muss man wirklich im Auge behalten: Up-Quarks, Down-Quarks und Elektronen.

Mit voranschleichender Zeit bilden sich dann Muster heraus. Dann kann man allmählich sehen, wie die Quarks sich in Dreiergruppen zusammenfinden. Es gibt zwar kein Gesetz des Standardmodells, das besagt, dass Quarks sich in Dreiergruppen zusammenschließen müssen, aber genau das passiert. Quark-Trios interagieren auf eine Weise miteinander, die sie in dieser Form zusammenhält. Wie auch im Spiel des Lebens bilden sich mit der Zeit stabile Strukturen – durch wiederholte Anwendung derselben Grundregeln.

Tatsächlich ist diese Tendenz zu Dreiergruppen so stark, dass man, nachdem sich die anfängliche Aufregung gelegt hat, so gut wie nie ein einzelnes Quark sieht. Sie treten immer in Dreiergruppen auf. Manchmal finden sie in Sechser- oder Neunergruppen zusammen – oder in Gruppen, die ein anderes Vielfaches von drei darstellen –, aber meistens ist es einfach nur ein Dreiergrüppchen, das in einer geraden Linie über das Spielfeld fliegt. An diesem Punkt ist das Wort »Quark« nicht mehr allzu nützlich. Es ist besser, das Ganze als Drei-Quark-Brocken zu bezeichnen, um Atem zu sparen. Also legen wir ein paar neue Begriffe fest. Zwei Up-Quarks und ein Down-Quark sind ein »Proton«. Zwei Down-Quarks und ein Up-Quark sind ein »Neutron«.

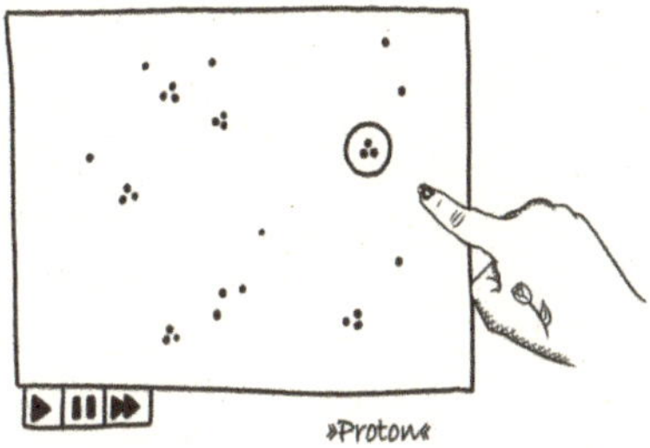

Und was passiert dann? Aus den Interaktionsregeln ergeben sich weitere Muster und Regelmäßigkeiten.

Es lässt sich beobachten, wie positive und negative Ladungen zusammendriften, während gleichartige Ladungen auseinanderdriften. Auch dies ist in den Regeln nicht festgelegt. Kein Teilchen »kennt« die Ladung der Teilchen, die es umgeben. Sie alle interagieren lediglich mit anderen Teilchen in ihrer direkten Umgebung und werden im Verlauf dieser Prozesse umgeleitet. Und diese Umleitungen sind von einer Art Voreingenommenheit geprägt, einem Bias, der sich mit der Zeit läppert: Positive Teilchen bewegen sich allmählich auf negative zu und weg von anderen positiven Teilchen.

Allerdings geschieht dies sehr langsam. Lassen Sie uns deshalb die Simulation beschleunigen. Jetzt sieht dieses langsame Driften wie ein jäher Ruck aus. Wir sehen ein Elektron (negativ), das schnell auf ein Proton (positiv) zufällt. Je näher es kommt, desto schneller wird es, so schnell, dass es sogar am Proton vorbeifliegt. Sein Sturz wird erst verlangsamt, nachdem es das Proton passiert hat, da es von diesem nun nach hinten gezogen wird, bis es die Richtung gänzlich ändert und einen weiteren Vorbeiflug unternimmt. Und so weiter und so fort, hin und her schwirrend, immer um die Anziehungskraft des Protons herum.*

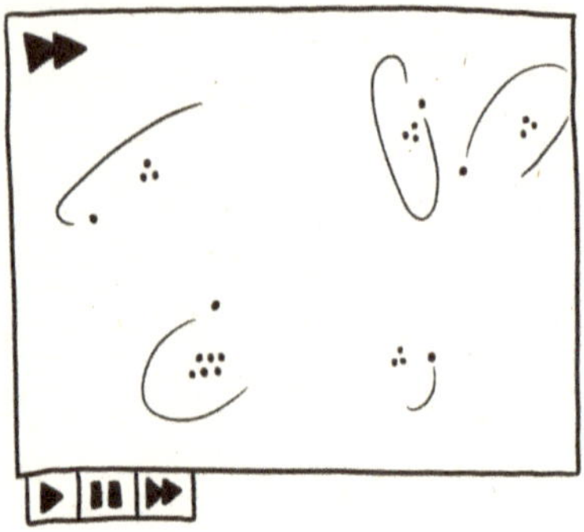

Man kann das überall im Weltraum beobachten, wann immer ein Proton und ein Elektron aufeinandertreffen. Diese Struktur tritt so häufig in Erscheinung, dass man ihr auch gleich einen Namen geben könnte, der weniger lang ist als »Elektron umschwirrt ein Proton«. Einen Namen wie »Wasserstoff«, vielleicht.

Und manchmal – vergessen Sie das nicht – handelt es sich um eine größere Anhäufung von Quarks, um einen Sechser- oder Neunerklumpen oder einen noch größeren Zusammenschluss. Diese Fälle sind selten, aber sie kommen vor, und solche größeren Klumpen ziehen noch mehr Elektronen in ihre Umlaufbahn. Wir können jedem dieser kleinen Systeme je nach der Gesamtmenge ihrer Ladung einen Namen geben, zum Beispiel »Sauerstoff«, »Chlor« oder »Gold«.

Vielleicht wissen Sie schon, was als Nächstes passiert. Wenn Sie den Zeitraffer noch beschleunigen, bis die Elektronen verschwommen sind, dann sehen Sie, wie diese ganzen Systeme (nennen wir sie doch »Atome«) langsam durch den Raum driften. Manchmal driften sie gänzlich unbeeindruckt aneinander vorbei, aber manchmal hängen sie sich auch aneinander und beginnen als Einheit umherzutreiben. Sie werden feststellen, dass Wasserstoff und Wasserstoff gerne als Paar umhertreiben, während Sauerstoff es vorzieht, mit je einem Wasserstoffteilchen zu beiden Seiten zu driften.

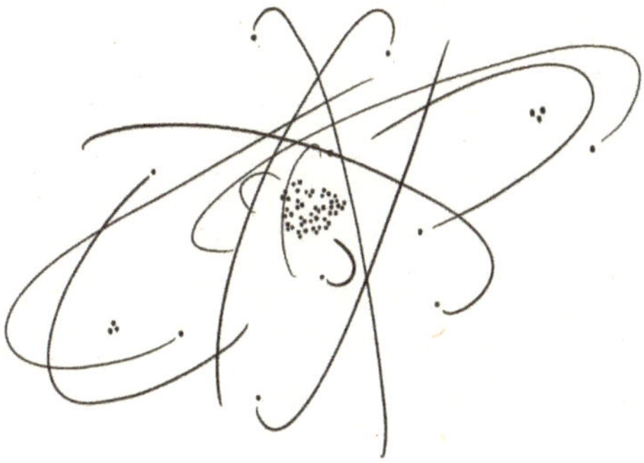

»Wasser«

Wir haben noch immer keine neuen Regeln eingeführt. Es handelt sich um dieselbe Simulation, die über einen immer längeren Zeitraum hinweg abläuft. Jedes »neue« Phänomen, das wir beobachten, lässt sich noch immer mit den Grundregeln erklären. Bei der Bindung zum Beispiel folgen die Elektronen ihren Wechselwirkungsregeln. Wenn zwei Wasserstoffteilchen nah beieinanderliegen, umkreisen ihre Elektronen natürlicherweise beide Protonen und halten sie zusammen. Erst wenn man herauszoomt und den Zeitraffer beschleunigt, sieht es wie eine neue Regel aus: »Wasserstoff driftet paarweise«.

Sie sehen wahrscheinlich, worauf das hinausläuft, also lassen Sie mich gleich zur Sache kommen. Diese neuen Megastrukturen – nennen wir sie »Moleküle« – verhalten sich ebenso auf bestimmte vorhersehbare Weise, und manchmal bilden sie riesige Megamoleküle: Fette, Proteine, Lipide, Ribonukleinsäuren ... ein ganzer Zoo, wenn man so will. Und jedes dieser Megamoleküle hat seine eigenen charakteristischen Eigenschaften und Verhaltensweisen, und sie bilden manchmal sogar noch größere Strukturen, Organellen genannt, die sich ihrerseits wiederum zu noch größeren Strukturen zusammenschließen, die man Zellen nennt. (Wir zoomen weiter heraus, beschleunigen den Zeitraffer noch mehr.) Einige Zellen stehen für sich allein, während andere in Einheiten miteinander interagieren, die Organe genannt werden, die wiederum miteinander in Einheiten interagieren, die Organismen genannt werden. Einige Organismen schließen sich in sozialen Gruppen oder Institutionen zusammen, die sich zu Klassen oder Stämmen zusammenschließen, die wiederum miteinander interagieren, um ganze Gesellschaften zu formen. Und wenn solche Gesellschaften miteinander interagieren, dann nennt man das Geschichte – und viel weiter kann ich *diese Geschichte* nicht führen.

Schließlich erzähle ich Ihnen hier nur eine Geschichte, oder etwa nicht? Ganz offensichtlich übertreibe ich. Niemand hat jemals eine Physiksimulation durchgeführt, die tatsächlich menschliche Gesellschaften oder auch nur grundlegende Zellstrukturen hat entstehen lassen. Wie denn auch? Es ist nicht möglich. Die Anzahl der Dinge, über die Daten gesammelt werden müssten, entspricht buchstäblich der Anzahl der Teilchen im Universum. Es fehlt also schlichtweg an Platz.

Ja, es ist eine Geschichte, aber es könnte eine wahre Geschichte sein! Zumindest aber ist es eine Geschichte, die jede Menge wahre Elemente enthält. Alle Schritte in dieser Kette werden von sehr erfolgreichen wissenschaftlichen Modellen abgeleitet. Chemiker glauben, dass Wasser aus zwei Wasserstoffatomen und einem Sauerstoffatom besteht, und mit dieser Theorie als Grundlage wurde bisher noch keine einzige falsche Vorhersage getroffen. Verhaltensökonomen glauben, dass man das wirtschaftliche Verhalten der Menschen mit psychologischen und neurologischen Faktoren erklären kann. Man muss sich das wie einen langen Staffellauf vorstellen, bei dem jedes Fachgebiet für eine Runde übernimmt.

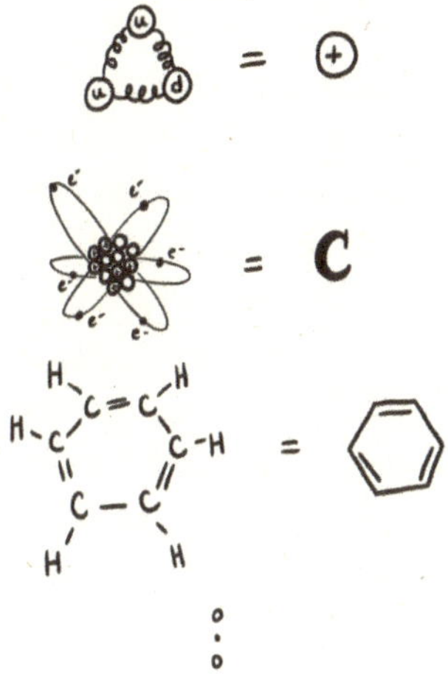

Dennoch ist es durchaus vernünftig, anzunehmen, dass dies nicht die ganze Geschichte ist. Es gibt Lücken in unserem Verständnis, die Ihnen vielleicht verdächtig vorkommen könnten. Niemand kann wirklich behaupten, dass er genau wüsste, wie aus elektrischen Blitzen in Neuronenschaltkreisen menschliches Verhalten entsteht. Künstliche Intelligenz lässt die Vorstellung plausibel wirken, aber wir haben die genauen Mechanismen noch nicht nachvollziehen können. Man kann dies als Anlass nehmen, um zu argumentieren, dass hier noch etwas anderes vor sich geht, dass es eine Art geheime Sauce gibt, die auf der Ebene des menschlichen Gehirns hinzugefügt wird und sich nicht mit den Wechselwirkungen von Quarks und Elektronen erklären lässt.

Die meisten mathematisch veranlagten Menschen, mit denen ich gesprochen habe, scheinen indes weitgehend der Meinung zu sein, dass die Wahrheit unserer Geschichte sehr ähnlich ist. Diese Leute glauben, dass die Lücken zufällig sind und irgendwann gefüllt werden. So vieles konnte bereits mithilfe einfacher mathematischer Modelle erklärt werden: die Bewegungen der Sterne, die Diversität des irdischen Lebens, Naturkatastrophen und das Wetter, die Entstehung des gesamten Sonnensystems. Warum also sollten wir annehmen, dass es sich mit dem Rest anders verhält?

Philosophen nennen diese Weltanschauung »Naturalismus« oder »wissenschaftlichen Naturalismus«, und es lohnt sich, über die Auswirkungen nachzudenken. Wenn all das wahr ist, wenn der wissenschaftliche Naturalismus recht hat, dann ist die gesamte Realität strengen mathematischen Regeln unterworfen. Das gesamte Universum muss dann mit einem sorgfältig kalibrierten Automaten identisch sein. Alles, was um Sie herum geschieht, ganz zu schweigen von Ihrem Inneren, ist eine direkte mathematische Folge der Naturgesetze und der ursprünglichen Konfiguration des Universums.

Eine Vorstellung, bei der sich einem der Kopf dreht.

Eine Vorstellung zudem, die gelinde gesagt einige große philosophische Fragen aufwirft. Wenn Sie sich auf eine Version dieser naturalistischen Rahmenbedingungen einlassen, sollten Sie sich bei nächster Gelegenheit zwei Dinge fragen: Sind diese mathematischen Regeln tatsächliche, allgemeingültige Naturgesetze, die irgendwie die Entwicklung des Universums steuern? Oder existiert das Universum und verändert sich mit der Zeit unaufhaltsam, und diese »Regeln« sind lediglich Muster, die wir darin gefunden haben?

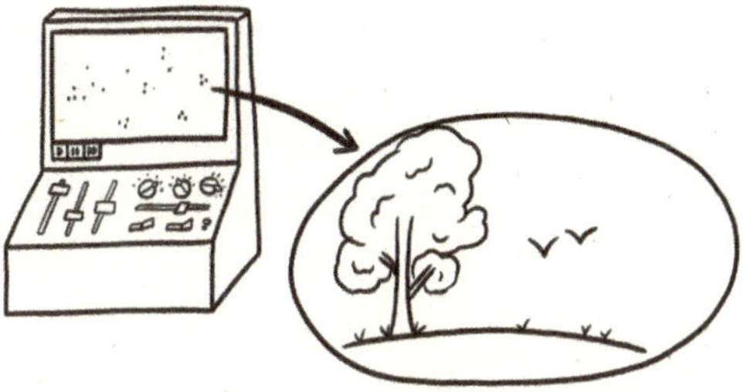

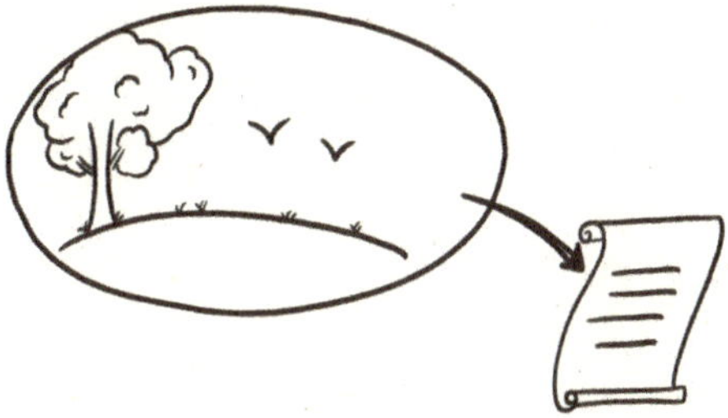

So oder so stellt sich die Frage: Warum *diese* Regeln? Sie scheinen so bizarr und willkürlich. Warum sollte dieses Universum existieren und nicht ein anderes? Existiert jedes denkbare mathematische Universum auf dieselbe Weise wie dieses? Oder sind wir in irgendeiner Weise etwas Besonderes, alleinig auserwählt unter den möglichen Welten, um realisiert zu werden, um konkret und wirklich zu sein?

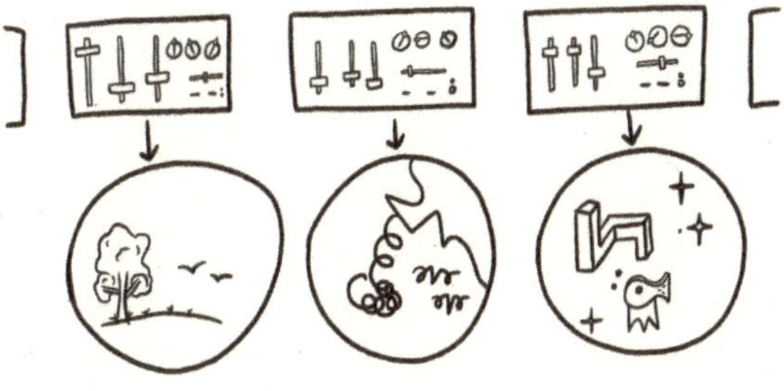

Und selbst wenn alles nur mathematische Regeln sind, selbst wenn wir in etwas leben, das im Grunde genommen eine riesige, ultrakomplexe Simulation ist, bleibt die uralte Große Frage unbeantwortet. Gibt es irgendeine Art von Absicht, Entwurf, Plan, Intellekt, Voraussicht, Wunsch, Wärme oder Sorgfalt bei der Programmierung?

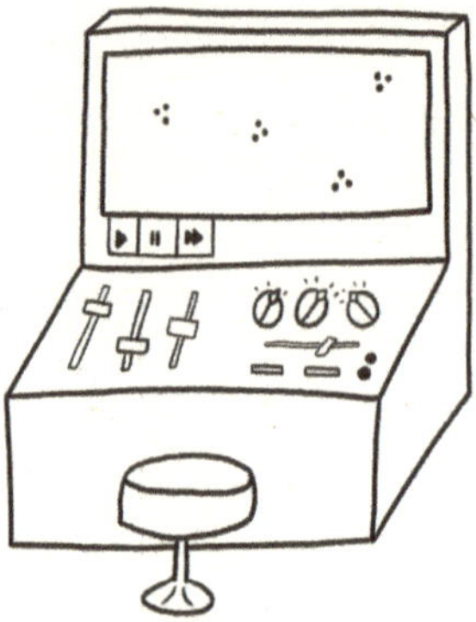

Ich bezweifle, dass wir in absehbarer Zeit Antworten auf diese Fragen finden werden, und vielleicht gibt es im üblichen Sinne des Wortes überhaupt keine »Antworten«. Letzten Endes haben wir nur die von uns erfundenen Modelle, und jedes Modell ist auf einen bestimmten Bereich beschränkt.

Das hier vorgestellte Modell, das Standardmodell, hat zweifellos höhere Ziele, als nur Musiktheorie oder Wirtschaftswissenschaften zu durchleuchten. Es macht – mit einer Genauigkeit von mehr als zehn Dezimalstellen – numerische Vorhersagen, die sich in Experimenten immer wieder bewahrheiten. Es bietet eine vereinheitlichende Erklärung für fast alle in der Natur beobachtbaren Phänomene, indem es die verschiedenen Bilder, die andere Modelle liefern, zusammenfasst und vertieft. Und es kommt mit einer umfassenden Geschichte daher: eine Vision der Realität als das Zusammenprallen unvorstellbar vieler winziger Punkte. Viele Menschen empfinden das als schön, es lehrt sie Demut und Ehrfurcht.

Aber dieses Modell ist nicht allumfassend. Es hat blinde Flecken. Ja, das aktuelle Standardmodell kann nicht einmal die Schwerkraft erklären! (Stringtheoretiker arbeiten unermüdlich daran, dieses peinliche Manko zu beheben.)

Vielleicht überrascht es nicht, dass es uns möglich ist, ein mathematisches Objekt zu finden, das unsere Realität so genau widerspiegelt. Das finale Ziel der theoretischen Mathematik ist es, alle möglichen Modelle, alle möglichen Strukturen, Formen und Systeme, alle Formen von Logik und Argumenten zusammenzutragen und zu analysieren. Es ist der Versuch, alles Denkbare und Undenkbare in eine gemeinsame Sprache zu übersetzen, in einen universellen Satz von Notationen und Techniken. Ein Projekt, das auf den ersten Blick ungeheuerlich und unmöglich erscheint. Der anhaltende Erfolg, den es bei der Erklärung und Vorhersage der Phänomene unseres täglichen Lebens erzielt, ist ein seltsamer Segen, den wir nicht ganz verstehen.

Zumindest aber ist es eine interessante Sache, über die nachzudenken sich lohnt.

* Genau genommen ...

Seite 26: Wir müssen zwischen kompakten und nichtkompakten Mannigfaltigkeiten unterscheiden. Dies ist nur die vollständige Liste der kompakten flächigen Mannigfaltigkeiten – mit Ausnahme der Ebene, die nicht kompakt ist. Weitere nichtkompakte Mannigfaltigkeiten sind unendliche Mannigfaltigkeiten, wie der unendliche Zylinder; Mannigfaltigkeiten mit unsichtbaren »offenen« Grenzen, wie eine Scheibe, deren Rand entfernt wurde; und einige andere seltsame Geschöpfe wie ein endlos-löchriger Torus von endlicher Größe.

Seite 68: Die beiden Endpunkte des endlichen Kontinuums sind nicht mit irgendetwas übereinstimmend, also haben wir hier nicht wirklich eine perfekte Übereinstimmung. Stattdessen zeigt es, dass das endliche Kontinuum mindestens so groß ist wie das unendliche Kontinuum. Aber offensichtlich ist auch das unendliche Kontinuum mindestens so groß wie das endliche, also müssen sie die gleiche Größe haben.

Seite 75: Es gibt ein kleines Problem mit diesem Benennungssystem: LRRRRR... und RLLLLL... beziehen sich beide auf denselben (mittleren) Punkt auf dem Kontinuum. Tatsächlich hat jeder Punkt auf einer perfekten Halb-, Viertel-, Achtelmarkierung usw. zwei Namen. Wir wissen also nicht, ob die Anzahl der Punkte auf dem Kontinuum mit der Anzahl der LR-Adressen übereinstimmt – sie könnte auch geringer sein.

Um zu beweisen, dass es mindestens so viele Punkte wie LR-Adressen gibt, sollten wir ein anderes Benennungssystem verwenden: Teilen Sie jedes Mal in Drittel statt in Hälften und verwenden Sie L für links, M für Mitte und R für rechts. Auch bei diesem neuen Benennungssystem entspricht jede LR-Adresse einem Punkt, und es gibt diesmal keine Überschneidungen. (Beispiel: Der alternative Name für LRRRRR... lautet nach dem neuen System MLLLLL…, was keine LR-Adresse ist.) Es gibt also mindestens so viele Punkte wie LR-Adressen.

Seite 89: Jeder Behälter, der (topologisch gesehen) die gleiche Form wie eine Kugel hat. Ein donutförmiger Behälter zum Beispiel kann einen Fluss ohne Fixpunkt enthalten. Dieser Satz ist in jeder Dimension wahr.

Seite 123: Es kann auch überhaupt keine »Schleifen« haben – dieser Beweis funktioniert nur, wenn es für das Spiel keine Möglichkeit gibt, zwischen denselben Positionen unbegrenzt hin und her zu springen. Viele Spiele haben »Unentschieden durch Wiederholung«-Regeln, wobei das Theorem auch dann noch gilt.

Seite 140: Um wirklich Fakten über Primzahlen zu beweisen, muss man jedoch einige Axiome hinzufügen, die definieren, was genau eine »Primzahl« ist. Dies sind nur die fünf grundlegenden Axiome, und jedes neue Konzept, das Sie verwenden möchten, erfordert weitere Axiome.

Seite 195: Die Länge eines Tages ist nicht gerade eine einfache harmonische Bewegung, aber das ist eine sehr gute Annäherung. Es gibt einen kleinen Fehlerterm, der umso bedeutender wird, je weiter man sich vom Äquator entfernt. In der Arktis und der Antarktis bricht die Annäherung vollständig zusammen, und die Sonne kreist monatelang ununterbrochen um den Horizont.

Seite 215: Ich lasse hier ein Schlüsselelement des Modells aus, denn wenn dies tatsächlich die Regeln wären, würde das Elektron allmählich an Energie verlieren und in den Nukleus fallen. Im tatsächlichen Standardmodell gibt es ein minimales »Quantum« an Energie, das dies verhindert.

Zuallerletzt

In diesem Buch ist ein zusätzliches Rätsel versteckt – eine Art Puzzle.

Die Lösung ist eine Zahl.

Wie lautet sie?

Tipp: Achten Sie auf Abstände und denken Sie daran: Es geht um die Zahlen!

Wenn Sie die Lösung erfahren möchten, schauen Sie auf Milos Youtube-Kanal vorbei unter https://www.youtube.com/channel/UCURP6q1VjGEFfy7GPP3Tm0w

Über den Autor

Milo Beckman ist seit seiner Jugend süchtig nach Mathematik. 1995 in Manhattan geboren, nahm er seit seinem achten Lebensjahr Mathematikunterricht an der Stuyvesant High School und war mit dreizehn Jahren Kapitän des New Yorker Mathe-Teams. Über seine verschiedenen Projekte und unabhängigen Forschungen wurde in *The New York Times, FiveThirtyEight, Good Morning America, Salon, The Huffington Post, The Chronicle of Higher Education, Business Insider, The Boston Globe, Gothamist, The Economist* und anderen Medien berichtet. Er arbeitete für drei Technologieunternehmen, zwei Banken und einen US-Senator, bevor er sich im Alter von neunzehn Jahren zur Ruhe setzte, um in New York, China und Brasilien Mathematik zu unterrichten und an diesem Buch zu arbeiten.